MONICA DETERS

Dance with the BOSS

Wie Mitarbeiter ihre Chefs taktvoll führen

Campus Verlag
Frankfurt/New York

ISBN 978-3-593-50219-9

Das Werk einschließlich aller seiner Teile ist urheberrechtlich geschützt. Jede Verwertung ist ohne Zustimmung des Verlags unzulässig. Das gilt insbesondere für Vervielfältigungen, Übersetzungen, Mikroverfilmungen und die Einspeicherung und Verarbeitung in elektronischen Systemen.
Copyright © 2015 Campus Verlag GmbH, Frankfurt am Main.
Umschlaggestaltung: FAVORITBUERO, München
Umschlagmotiv: © einsdreiundsechzig.com
Satz: Publikations Atelier, Dreieich
Gesetzt aus Minion pro, Flyer LT und Myriad pro
Druck und Bindung: Beltz Bad Langensalza
Printed in Germany

Dieses Buch ist auch als E-Book erschienen.
www.campus.de

Inhalt

Intro: Die Sekunde, die mein Leben veränderte 7

Takt 1: Auftakt – So tanzen Sie sich warm! 11

Arbeiten ist wie Tanzen: Es macht nur Spaß, wenn's gefällt! 13
   Mit wem wollen Sie tanzen? 14
   Love it, change it, or leave it! 21
   Nicht jeder muss Profitänzer werden 40
   Eingrooven – Kommen Sie in den Flow! 43

Viele Führungskräfte können nicht tanzen, und schon gar nicht führen! 48
   Führen will gelernt sein 49
   Wer führt Sie eigentlich? 53
   Sechs Chef-Tanz-Typen und wie Sie mit ihnen tanzen 56
   Warum Sie niemand fragt, wie Sie gerne tanzen würden! . . . 71

Takt 2: Action – So führen Sie Ihren Chef 75

Greifen Sie ein, wenn Ihre Führungskraft gegen den Pfeiler tanzt! 77
   Wer ist hier der Boss? 78
   Das ist mein Tanzbereich … 87
   Vertanzt? Vom guten Umgang mit Fehlern 92
   Auf die Aufforderung kommt es an! 95

Dance with the Boss – Die acht Grundschritte 97
   Tanzschritt 1: Respektiere: Er ist der Boss! 98
   Tanzschritt 2: Einen gemeinsamen Rhythmus finden 100
   Tanzschritt 3: Defizite unauffällig ausgleichen 100
   Tanzschritt 4: Feedback und Lob verteilen 102
   Tanzschritt 5: Kommunizieren mit dem Boss 104
   Tanzschritt 6: Eigene Forderungen stellen 107
   Tanzschritt 7: Nicht bei jedem Song mittanzen 110
   Tanzschritt 8: Üben, üben, üben 112

Takt 3: Unterstützen – So fangen Sie Chef-Stolperer auf! ... 113

Die besten Tipps für die 77 häufigsten Chef-Stolperer 115
   Typische Stolperer der Chef-Tanz-Typen 117
   Persönlichkeit 120
   Zusammenarbeit und Teamwork 137
   Arbeitsorganisation 143
   Mitarbeitermotivation 158
   Unhöflichkeiten im eigenen Tanzbereich 171
   No-Gos 177

Takt 4: Loslassen – So werden Sie den Chef wieder los! ... 185

Abklatschen erlaubt! 187
   Ausgepowert – Wie lange wollen Sie diesen Tanz noch tanzen? 188
   Flexibel bleiben und Loslassen lernen 190
   Wer loslässt, hat die Hände frei 194

Outro: Bunga Bunga ist kein Tanz! 197

Danke 199

Intro: Die Sekunde, die mein Leben veränderte

Ich habe mein Leben umgestellt: Die Chips stehen jetzt links von mir!

Waren Sie schon einmal so richtig genervt wegen Ihres Jobs? Kennen Sie dieses Gefühl der Unzufriedenheit und Machtlosigkeit, das einen überkommt, wenn man sich von seinem Vorgesetzten ungerecht behandelt fühlt? Oh ja, auch ich kann ein Lied davon singen! Es gab eine Zeit in meinem Leben, da habe ich ernsthaft mit dem Gedanken gespielt, einfach zu resignieren. Nicht mehr weiterkämpfen. Alles nur noch bedingungslos hinnehmen. So ähnlich wie Bridget Jones in dem Film *Schokolade zum Frühstück*, als sie völlig entmutigt und frustriert auf ihrem Sofa sitzt und in Selbstmitleid versinkt. Ich sag's mal so: Ich hatte nach zwei Entlassungen und diversen anderen »Nettigkeiten« des Lebens auch so ein Sofa. Und eine Zeit lang fand ich es total bequem ...

Bis mich eines Abends ein Song, der im Hintergrund im Fernsehen lief, aufhorchen ließ. Ich hatte es mir wie gewöhnlich mit einer Tüte Chips und einer Apfelschorle im Wohnzimmer bequem gemacht, die Füße auf dem Couchtisch, das Notebook auf dem Schoß, um mich mit Internetsurfen abzulenken. Doch nun schaute ich wie gebannt auf den Fernseher. Ich konnte das, was ich dort sah, erst nicht richtig einordnen.

Da stand ein Mann am Mikrofon, vor zigtausend Menschen, und sang so ernst und intensiv, dass es mir durch und durch ging. Es war Bruce Springsteen, wie ich dann feststellte, den ich zwar durchaus vom Namen her kannte, aber kein Kenner oder Fan war (zumindest damals noch nicht). Das Faszinierende an dem Auftritt war für mich: Obwohl er – wie ich finde – ein gutaussehender Mann ist, war es das hässlichste Bild, das ich jemals gesehen hatte, denn er ließ sich auf der Bühne ausgesprochen unvorteilhaft von unten farbig anstrahlen. Selbstvergessen konzentrierte er sich nur auf den Inhalt und die Emotionen seines Songs. Er performte – und das ist der richtige Ausdruck dafür – das Lied, das er nach dem 11. September für die New Yorker und alle anderen Menschen geschrieben hatte, die noch immer wegen des Terroranschlags auf das World Trade Center unter Schock standen, um uns allen Mut zu machen: »The Rising«. Es traf mich mitten ins Herz. Ich spürte, hier war das Äußere nebensächlich, es ging um Inhalt, um Seele und um tiefe Leidenschaft.

Mittlerweile kniete ich vor dem Fernseher. So etwas hatte ich so noch nie erlebt – und in dem Moment wurde mir klar: Mein Leben geht weiter. Und es wird besser sein als je zuvor! Weg waren die Selbstzweifel, weg waren die Sorgen, meine monate-, ja sogar jahrelange Frustphase war mit einem Schlag vorüber. Bruce Springsteen war es mit diesem Song gelungen, meine Motivation, mein inneres Feuer, das mittlerweile fast erloschen war, von neuem zu entfachen. In diesem Moment bin ich (innerlich) wieder aufgestanden, um für mich, aber auch für andere bessere Lebens- und Arbeitsbedingungen zu schaffen. Aus diesem Grund schreibe ich dieses Buch: Damit auch Ihr inneres Feuer noch stärker auflodert beziehungsweise wieder neu entfacht wird und Sie mit größerer Selbstbestimmtheit und Selbstverantwortung zufriedener durchs Leben gehen.

Warum hat mich diese Performance so berührt? Der Boss, wie Bruce Springsteen auch genannt wird, hat meine Leidenschaft wiedererweckt! Durch seine Performance ist mir klar geworden, dass es so viel mehr im Leben gibt, als jeden Tag einen Job zu machen, der mich nicht ausfüllt, der mir keinen Spaß macht und bei dem ich mein Potenzial nicht entfalten und meine Talente nicht einbringen kann. Bruce Springsteen hat mir einen Spiegel vorgehalten. Und ich habe mich darin (wieder)erkannt.

Ich bin also nicht einfach nur ein Springsteen-Fan. Nein, er hat mir damals im übertragenen Sinn das Leben gerettet! Ihm verdanke ich, dass ich meinen Weg als Trainerin, Coach und Rednerin gefunden habe. Seit diesem Moment damals in meinem Wohnzimmer gab es nicht einen einzigen Tag, an dem ich nicht an meinem neuen Traum gearbeitet hätte, Menschen genauso zu stärken, wie ich es damals gebraucht hätte. Und das ist nicht übertrieben.

So, und jetzt kommt's: Ziemlich genau sieben Jahre nach meiner tiefen Frustphase und dem mittlerweile geglückten Aufbau meiner Selbstständigkeit, zog – oder besser gesagt hievte – mich dieser Weltstar bei einem seiner Konzerte in Mönchengladbach aus einer Menschenmenge von fast 40 000 Menschen auf die Bühne, um mit mir zu »Dancing in the Dark« zu tanzen! Unfassbar! Für mich hat es sich angefühlt, als würde er dadurch auch der Weltöffentlichkeit zeigen: Schaut her, die Frau hat es geschafft, von ihrem Jammersofa runterzukommen – und Ihr könnt das auch! Wahnsinn, dabei wusste er doch von nichts! Und das Lied handelt sogar von diesem Thema. Manchmal geschehen eben doch kleine Wunder ... Dieses Schlüsselerlebnis auf der Bühne mit dem Boss brachte mich später auf einen neuen Gedanken: Wo stecken eigentlich die Bosse, die es schaffen, mich so zum Brennen zu bringen wie Bruce Springsteen? Die mich so motivieren und eine solche Kraft in mir wecken, dass ich endlich »aus dem Quark« komme? Sollte das eine wahre Führungskraft nicht können? Wer wünscht sich das nicht: eine starke, authentische Führungskraft, die ihre Mitarbeiter souverän leitet und ihnen ein echtes Vorbild ist; die dem Team vorlebt, dass die Arbeit Spaß machen und man daraus eine tiefe Zufriedenheit gewinnen kann. Und: Wenn der eigene Chef (oder die Cheffin) diese Wunschvorstellung noch nicht verkörpert, wie könnten ihm die Mitarbeiter dabei helfen? Das war der entscheidende Punkt, mein ganz persönlicher Turning Point.

Doch es geht hier nicht um den Boss und auch nicht um mich. In *Dance with the Boss* geht es um Sie. Und darum, wie Sie von Ihrem Bridget-Jones-Jammersofa aufstehen und Ihr Schicksal wieder selbst in die Hand nehmen. Wenn Sie also einen heimlichen Traum in sich tragen, eine innere Sehnsucht nach mehr Sinn in Ihrem Tun empfinden wollen, aber vor allen Dingen deutlich selbstbestimmter werden und Eigeninitiative zeigen möchten, dann sind Sie hier richtig.

Wenn Sie also wissen möchten, wie man mit dem Boss tanzt – ich weiß es! Und ich lade Sie herzlich dazu ein, mit zu tanzen!

Ihre *Monica Deters*

TAKT 1
Auftakt – So tanzen Sie sich WARM!

Arbeiten ist wie Tanzen: Es macht nur Spaß, wenn's gefällt!

Fragt der Chef sein iPhone: »Siri, findest du, dass ich ein guter Chef bin?«
Siri: »Ich habe sechs Seminaranbieter im Umkreis von zwei Kilometern gefunden!«

So ist es beim Tanzen
Wie oft tanzen Sie im Durchschnitt? Ich muss zugeben, dass ich viele Jahre das Gefühl hatte, viel zu selten die Gelegenheit zum Tanzen zu haben. Früher, als Jugendliche, habe ich sehr oft getanzt, doch mit dem Alter flaute es immer mehr ab – und ich war immer etwas neidisch auf andere, die sich die Zeit nahmen und sich den Spaß am Tanzen nicht verderben ließen. Seit einigen Jahren hat sich das Blatt allerdings gewendet: Ich finde plötzlich viel öfter Gelegenheiten, das Tanzbein zu schwingen.
Tanzen soll vor allen Dingen eins: Spaß machen! Doch in einem Tanzschuppen, in dem Ihnen die Musik oder die Leute (oder beides!) nicht gefallen, hält sich die Begeisterung verständlicherweise in Grenzen. Nein, man muss sich schon einen Club aussuchen, der taugt, sonst macht das Ganze keinen Sinn.

So ist es im Job
Fühlen Sie sich an Ihrem Arbeitsplatz wirklich noch pudelwohl? Womit geben Sie sich womöglich schon zu lange zufrieden? Falls sich Ihr Arbeitsplatz mit der Zeit durch wechselnde Vorgesetzte, diverse Umstrukturierungen oder sonstige Veränderungen sehr gewandelt hat, schauen Sie bewusst hin, ob Ihnen »der Club« noch gefällt, in dem Sie arbeiten, oder ob Sie vielleicht lieber weiterziehen möchten. Denn es gibt sie, die Jobs, die Spaß machen. Es muss aber nicht gleich ein Arbeitsplatzwechsel sein. Manchmal reicht es schon, wenn Sie Ihre Umgebung etwas mehr an Ihre Bedürfnisse anpassen. Denn Sie allein bestimmen, wie hoch Ihr »Vergnügungsfaktor« ist. Das nennt man Selbstbestimmtheit.

Mit wem wollen Sie tanzen?

Ehrlich gesagt, habe ich mich früher schon etwas treiben lassen. Mir war es relativ egal, für wen ich arbeitete oder was zu tun war. Hauptsache, mir gefiel es halbwegs und die Menschen waren nett zu mir. Hätte mich jemand vor 20 Jahren gefragt, für wen ich *gerne* arbeiten würde, hätte ich nur verständnislos den Kopf geschüttelt. Bei der Arbeit geht es doch wohl um etwas ganz anderes als persönliche Zufriedenheit – dachte ich damals zumindest, denn so wurde ich erzogen. Man konnte schließlich froh sein, dass man überhaupt Arbeit hatte! Da wurden keine hohen Ansprüche gestellt … Doch richtig Lust aufs Tanzen verspürt man nur, wenn die Rahmenbedingungen stimmen: schöne Musik, tolle Atmosphäre, herzliche Aufforderung, netter Tanzpartner. Auf den Job übertragen also eine angenehme Unternehmens- und Führungskultur, ein gutes Arbeitsklima und ein sympathischer Chef.

Die Unternehmenskultur ist meist geprägt vom Wertesystem des Gründers, manchmal wird sie auch mithilfe einer Unternehmensberatung ausgearbeitet. Im Idealfall wird die Belegschaft miteinbezogen; so festigt sich die Unternehmenskultur und die Werte des Unternehmens werden im Berufsalltag gelebt. Obwohl es immer noch einen großen Unterschied zwischen Theorie und Praxis gibt. Der Vorteil: Ist das Wertesystem allen Mitarbeitern bekannt und wird es von allen akzeptiert, ist es ein wichtiger Motivationsfaktor und sensibilisiert die Mitarbeiter für das Unternehmensgeschehen. In Krisensituationen wird diese Belegschaft dem Unternehmen eher die Treue halten.

Die Unternehmenskultur kann ein erster Anhaltspunkt für Sie sein, ob eine Firma als potenzieller neuer Tanzschuppen für Sie infrage kommt oder nicht. Sie haben verschiedene Möglichkeiten, sich über die Werte eines Unternehmens zu informieren. Ebenso können Sie Ihren aktuellen Tanzpartner auf den Prüfstand stellen und überlegen, ob die Firmenphilosophie wirklich gelebt wird oder mehr Schein als Sein ist.

Um Enttäuschungen zu umgehen oder sogar einen Kulturschock im Nachhinein zu vermeiden, gibt es eine Menge Möglichkeiten ein Unternehmen im Voraus auf Herz und Nieren zu überprüfen. Zumindest so gut wie möglich. In erster Linie ist hier Ihre Eigeninitiative gefragt, denn Sie müssen ein bisschen recherchieren. Zum Beispiel ist es nützlich, wenn Sie das Vorstellungsgespräch für gute Fragen nutzen, wie: »Was tun Sie für ein gutes Betriebsklima?«, »Wie würden Sie Ihre Unternehmenskultur beschreiben?«, »Leben Sie eine eher flache Hierarchie?«, »Gibt es eine Ideenoffensive für Mitarbeiter?« Sie werden schon an den Reaktionen merken, wie wichtig dem Unternehmen die gute Zusammenarbeit mit seinen Mitarbeitern ist. Haben Sie keine Bange vor solchen Fragen, sie signalisieren nur, dass Sie es ernst meinen mit dem Unternehmen und sich wirklich dafür interessieren.

Darüber hinaus sollten Sie sich ein bisschen als Detektiv betätigen, denn es gibt heutzutage eine Menge Möglichkeiten, Informationen über ein Unternehmen zu sammeln. Als erstes steht hier die klassische Internetrecherche an. Googeln Sie das Unternehmen und Sie werden in der Regel viele Informationen finden. Vielleicht pflegt das Unternehmen auch einige Social Media Tools, wie Facebook oder Twitter. Besonders interessant sind auch Xing-Kontakte, die für das Unternehmen gearbeitet haben. Warum nicht mal den Kontakt mit diesen Mitarbeitern aufnehmen? Es gibt noch eine Vielzahl an Recherchemöglichkeiten, die Sie nutzen können: Stöbern Sie auf der Unternehmenswebsite, lesen Sie den Geschäftsbericht oder überfliegen Sie ihn zumindest, besuchen Sie Bewertungsportale wie zum Beispiel www.kununu.com, nutzen Sie öffentliche Veranstaltungen wie einen Tag der offenen Tür, oder ähnliches. Je mehr Sie lesen und mitbekommen, desto besser können Sie sich ein eigenes Bild machen. Fragen Sie auch im Bekannten- oder im Freundeskreis nach. Die Welt ist oftmals kleiner, als man denkt! Erst wenn Sie alle Informationen gesammelt haben, können Sie sich entscheiden! Aber bitte nicht vergessen: So nützlich und sinnvoll alle Informationen auch sind, lassen Sie am Ende Ihren »Bauch« entscheiden! Der ist oftmals schlauer, als Ihr Kopf!

Natürlich kann es auch passieren, dass Sie schon einige Zeit für ein Unternehmen tätig sind und Sie plötzlich merken, dass doch nicht alles Gold ist, was zuerst so schön glänzte, oder dass sich die Unternehmenskultur zum Schlechteren verändert. Plötzlich bemerken Sie immer mehr Warnsignale, die Ihnen gar nicht gefallen. Der Chef ist vom kooperativen Teamleiter zum sarkastischen Tyrann mutiert, die Kollegen stellen sich als zickende Hyänen heraus, die Produkte werden doch von kleinen Kinderhänden produziert, obwohl das kategorisch ausgeschlossen schien. Uff, was nun! Nur Sie persönlich können entscheiden, ob Sie das ertragen möchten oder nicht. Fragen Sie sich zum Beispiel: Was kann ich an den Vorkommnissen wirklich ändern? Habe ich den nötigen Einfluss? Kann ich am Betriebsklima etwas ändern, ohne mich dabei völlig zu verausgaben? Unternehmensstrukturen oder -kulturen zu verändern, ist unmöglich. Da müssten Sie schon die Karriere des Vorstandsvorsitzenden anstreben und auch der ist abhängig von den Shareholdern. Also können Sie nur überlegen, was die Situation mit Ihnen macht, wenn Sie in ihr bleiben. Halten Sie es aus? Dann bleiben Sie. Doch bedenken Sie immer: Verbiegen Sie sich nicht! Es gibt auch andere Unternehmen, in denen es Ihnen deutlich besser gehen kann. Keine Angst vor dem Wechsel! Das ist heutzutage völlig normal.

Augen auf bei der Partnerwahl

In vielen Bereich agieren wir wählerischer als bei der Chefauswahl. Wenn zum Beispiel eine größere Anschaffung oder Ausgabe ansteht, sagen wir mal ein neues Auto oder eine schicke Urlaubsreise, planen wir genau. Wir vergleichen Preise, recherchieren im Internet, checken Bewertungen in diversen Foren oder fragen bei Freunden und Verwandten nach Erfahrungswerten. Schließlich wollen wir keinen Fehlkauf tätigen: Das Auto soll eine ganze Weile genutzt werden, da muss es schon den eigenen Ansprüchen genügen. Und die Urlaubsreise sollte tunlichst nicht im Chaos enden, sonst wird es nichts mit der Erholung. Also werden wir aktiv und informieren uns gründlich. Warum dann diese Passivität bei der Chefauswahl? Weil wir keine andere Wahl haben, sagen Sie? Weil es ein Abhängigkeitsverhältnis ist? Weil es nicht so viele Jobs gibt? Klar, es ist nicht leicht, heutzutage einen Job zu bekommen und der Bewerbungsstress ist definitiv nicht ohne. Man wird von den Personalern auf Herz und Nieren geprüft und ausgefragt. Es ist ja einerseits verständlich, dass der zukünftige Arbeitgeber genau wissen will, wen er sich da als Tanzpartner aufs Parkett holt. Aber es sollte doch andersherum genauso möglich sein, seinen potenziellen Chef zu testen, finde ich!

Deswegen fordere ich hier und jetzt die »Chef-Bewerbung«. Die Fragen an ihn könnten zum Beispiel lauten: Welchen Führungsstil bevorzugen Sie? Welche Stärken haben Sie und welche Schwächen? Wo wollen Sie in fünf Jahren stehen? So stimmt für mich die Augenhöhe! Mir geht es darum, dass Sie schon beim Bewerbungsgespräch und auch nach Ihrer Anstellung im Unternehmen die Augen offenhalten und prüfen, ob Sie und Ihr neuer Tanzpartner wirklich zusammenpassen und ob diese Kooperation Zukunft hat oder nicht. Nutzen Sie die Ihnen zur Verfügung stehende Fragezeit beim Bewerbungsgespräch daher geschickt aus. Nicht zu forsch oder kämpferisch – sonst stellt Sie vermutlich keiner ein –, sondern interessiert und motiviert!

Wenn Sie nicht sicher sind, welche Fragen Sie beim nächsten Bewerbungsgespräch stellen sollen, machen Sie sich Gedanken über folgende Fragen:

- Gab es schon einmal eine richtig gute Führungskraft in Ihrem Leben? Was genau zeichnete sie aus?
- Was mögen Sie an Ihrem aktuellen Boss und warum? Was mögen Sie gar nicht?
- Wenn Damenwahl wäre (gilt auch für Männer): Würden Sie Ihren Chef wieder auswählen, und warum beziehungsweise warum nicht?
- Was würden Sie Ihrem derzeitigen Chef gerne sagen, wenn Sie sicher sein könnten, dass es keine Konsequenzen hätte?

Wenn Sie derzeit aktiv nach einem neuen Job suchen (müssen) oder mit dem Gedanken spielen, den Arbeitsplatz in naher Zukunft zu wechseln, helfen Ihnen die folgenden Fragen dabei, potenzielle neue Tanzpartner und Tanzschuppen ausfindig zu machen.

- Was mögen Sie an Ihrem aktuellen Job überhaupt nicht und was sind demnach die No-Gos für Ihren neuen Arbeitgeber?
- Welcher Ihrer Jobs hat Ihnen bisher am meisten Spaß gemacht und warum?

- Wo liegen Ihre Stärken, Interessen und Talente? In welcher Branche oder in welchen Unternehmen könnten Sie diese am besten einbringen? Fragen Sie Ihre Freunde, wo Sie ihrer Meinung nach gut »reinpassen« würden!
- Was fällt Ihnen leicht und wofür begeistern Sie sich?
- Welche Werte sind Ihnen wichtig?
- Wenn Sie fünf Millionen Euro erben würden, allerdings unter der Bedingung berufstätig zu bleiben, egal ob selbstständig oder angestellt, was würden Sie sich aussuchen?
- Das Tool »Wheel-of-Life« (Abbildung 1 und 2) wird Ihnen weitere wichtige Hinweise geben, in welcher Position oder in welchem Unternehmen Sie sich wohl fühlen werden.

Wer will schon mit dem Boss tanzen?

»Ich will die Arbeit einfach nur hinter mich bringen«, höre ich oft von Klienten. Das sollte jedoch höchstens die Einstellung bei einer Darmspiegelung sein, aber nicht im Job. Schließlich verbringen Sie am Arbeitsplatz den Großteil des Tages. Wohlfühlen ist daher angesagt! Ein Drittel der Berufstätigen in Deutschland ist jedoch unzufrieden mit dem eigenen Boss. Vorgesetzten soll es an Führungskompetenz, Motivationsfähigkeit sowie Glaubwürdigkeit oder Persönlichkeit fehlen. Dies zeigen unter anderem Umfragen der Personalberatung Intersearch Executive Consultants, der Online-Stellenbörse Monster sowie der Unternehmensberatung Information Factory.[1] Knapp die Hälfte (47 Prozent) der Mitarbeiter in deutschen Unternehmen hat demnach schon einmal wegen eines Vorgesetzten gekündigt. 20 Prozent gaben an, sie hätten mit dem Gedanken gespielt.[2] Ein großer Teil der befragten Angestellten glaubt, dass sie den Job ihres Chefs besser erledigen könnten.

---

1 *Wirtschaftswoche*, Ausgabe Nr. 48/2013
2 http://www.wiwo.de/erfolg/jobsuche/kuendigungsgrund-deutsche-chefs-vergraulen-mitarbeiter/8990368.html

Viele fühlen sich von ihrem Boss unter Druck gesetzt und kontrolliert. Interessant ist, dass zwei Drittel der Führungskräfte glauben, ihre Mitarbeiter zu motivieren und zu inspirieren, auf der Gegenseite bestätigt das jedoch nur ein Drittel der Mitarbeiter.

Musikwünsche erlaubt

Motivierte Mitarbeiter bringen sich ein, schöpfen ihr Potenzial aus, nehmen Herausforderungen an und brennen für ihre Aufgabe, aber vor allen Dingen denken sie mit! Sie fühlen sich sicher und angenommen. Demotivation, fehlendes Vertrauen und übertriebene Kontrolle hingegen senken die Produktivität, erhöhen die Fehler- und Krankenquote und sorgen für eine höhere Mitarbeiterfluktuation. Das kann doch wohl nicht im Sinne der Unternehmen sein.

Keine Frage: Erprobte und gut funktionierende Prozessabläufe müssen nicht immer wieder neu aufgerollt werden, aber frische und neue Ideen sollten jederzeit willkommen sein. So bringen sich die Mitarbeiter stärker ein und erkennen ihre Talente und ihr Potenzial. Auf diese Weise entstehen Leidenschaft für den Beruf und Spaß an der Arbeit.

Wie motiviert man Mitarbeiter denn nun am besten? Bei der Beantwortung dieser Frage scheiden sich die Geister. Die einen schwören auf Begeisterung, die anderen auf gute Anreizsysteme und wieder andere glauben, Mitarbeiter könne man gar nicht motivieren.[3] Ja, was denn nun? Ich dachte mir, ich frage direkt an der Quelle nach: bei meinen Seminarteilnehmern. Natürlich ist das keine repräsentative Umfrage, aber ein Stimmungsbild zeichnet sich schon deutlich ab. Ich wollte von meinen Seminarteilnehmern wissen, was sie sich von ihren Vorgesetzten wünschen, um zufrieden(er) arbeiten zu können. Es sprudelte geradezu aus ihnen heraus: Sie würden sich sicherer und wohler am Arbeitsplatz fühlen, wenn sie auch einmal Fehler machen dürften, ohne gleich »ausgeschimpft« zu werden. Sie wünschen sich gute Kommunikation und einen regen Informationsaustausch, nicht nur mit dem

---

3 *ManagerSeminare*, Ausgabe 197, August 2014

Chef, sondern unternehmensübergreifend. Sie wünschen sich Ehrlichkeit und Unterstützung auf mehreren Ebenen. Sie möchten viel stärker miteinbezogen werden und ihr Potenzial nutzen können, was auch selbstständiges Arbeiten mit einschließt. Sie möchten über den Tellerrand hinausschauen dürfen und wollen mehr Transparenz, Offenheit und Vertrauen erleben. Familienfreundliches Arbeiten, Möglichkeiten zur Weiterbildung und Lernangebote sowie Geborgenheit sind weitere wichtige Aspekte. Mitarbeiter wollen lernen, konstruktives Feedback bekommen und letztlich Spaß an der Arbeit empfinden können.

Das sind eine ganze Menge Wünsche, doch zwei Aspekte kristallisieren sich besonders heraus: Mitarbeiter wollen sich gebraucht fühlen und sie wollen sich hundertprozentig auf ihre Führungskraft verlassen können! Doch das Leben ist bekanntlich kein Wunschkonzert und die Realität in den Unternehmen sieht leider oft ganz anders aus: Arbeiten auf Zuruf ohne weitere Erklärungen, mangelndes Vertrauen, fehlende Kommunikation, keinerlei Fehlertoleranz, übermäßige Kontrolle et cetera.

Wenn es dann mit der Mitarbeitermotivation hakt, wird mal schnell ein Workshop eingestreut. Ich selbst habe schon so einige Teamentwicklungsmaßnahmen mitgemacht, habe diverse Flöße konstruiert, an nächtlichen Lagerfeuern lustige Spielchen gespielt, Nachtwanderungen absolviert, gemeinsam mit Kollegen und Vorgesetzten gekocht und vieles mehr. Ich muss zugeben: Ich persönlich bin ein echter Fan von diesen Veranstaltungen geworden. Aber das ist eben nicht jedermanns Sache. Nicht jeder Mitarbeiter braucht ein Motivationsprogramm mit viel Tamtam. Für einige ist es Motivation genug, dass sie überhaupt einen Job haben und regelmäßig ein ordentliches Gehalt überwiesen wird, mit dem es sich zufrieden leben lässt. Und das ist auch in Ordnung.

Doch wer etwas verändern möchte, der sollte auch gefördert werden. Und wenn das nicht passiert und keine Kompromisse oder Verbesserungen möglich sind, bedeutet das für den Mitarbeiter, dass er sich nach Alternativen umschauen muss. Mit einem neuen Tanzpartner kommt die Chance auf bessere Bedingungen und eine höhere Zufriedenheit, zum Beispiel mehr Anerkennung für die eigene Leistung, ein besseres Gehalt, nettere Kollegen, mehr Möglichkeiten, sich einzubringen et cetera.

Ja, Sie dürfen Forderungen an Ihre Führungskraft und an Ihr Unternehmen stellen! Zum Beispiel, dass Sie thematisch in Projekte miteinbezogen werden, damit Sie Prozesse aktiv unterstützen können. Oder dass Sie mehr Verantwortung übernehmen und so Ihre Stärken einbringen und Ihr Potenzial voll entfalten können. Und natürlich auch, dass Sie als Mensch wahrgenommen und auch so behandelt werden. Jetzt liegt es an der Organisation, ob es wirklich erwünscht ist, dass Sie vom »Mit-Arbeiter« zum »Mit-Unternehmer« werden. Denn eines ist klar: Das Patriarchat ist out. Mitarbeiter haben es verdient, zufrieden zu sein und wertgeschätzt zu werden. Alles andere ist doch mehr als schade und ein Verlust für jedes Unternehmen: all die ungenutzte Power und das wertvolle Potenzial! Welches Unternehmen kann sich heutzutage wirklich noch demotivierte Mitarbeiter leisten, die innerlich bereits gekündigt haben?

Love it, change it, or leave it!

Wer sagt denn, dass Arbeiten keinen Spaß machen und uns nicht erfüllen darf? Zugegeben, ich habe lange gebraucht, bis ich verstanden hatte, dass ich selbst für meine Zufriedenheit verantwortlich bin. Dass ich eigenhändig dafür sorgen muss, meine Situation zu verbessern. Und das müssen Sie auch. Warten Sie also nicht auf irgendein Zeichen – legen Sie los! Sie können lernen, glücklich zu arbeiten und Ihre Arbeitseinstellung positiv zu beeinflussen.

Ziehen Sie dazu ganz ehrlich Bilanz: Sind Sie todunglücklich in Ihrem derzeitigen Job oder ist es einigermaßen okay? Was ist gut, was könnte besser sein und wie viel können Sie selbst verändern oder welche Veränderungen könnten Sie zumindest anzustoßen versuchen? Hundertprozentig glücklich ist niemand – und das ist auch nicht das Ziel. Bei jeder Kleinigkeit angefressen bis wutentbrannt »Ich kündige!« zu schreien und sich in den Schmollwinkel zurückzuziehen, ist aber auch keine Lösung. Wenden Sie die 80/20-Regel an: Halten Sie schlechte 20 Prozent aus, wenn alles andere super ist? Und wie hoch ist der Preis, den Sie zu zahlen bereit sind? Wenn etwa die negativen Seiten auf

40 Prozent oder noch höher steigen, halten Sie dann immer noch still? Wo ist Ihre persönliche Grenze? Jeder muss das für sich selbst herausfinden. Analysieren Sie Ihre aktuelle Situation nach dem Leitspruch »Love it, change it, or leave it«. Machen Sie den Tanz mit, solange es für Sie persönlich in Ordnung ist. Doch wenn Sie feststellen, dass Sie sich nur noch im Kreis drehen und Ihnen fast schlecht wird, dann ist es vielleicht an der Zeit, aus der Reihe zu tanzen. Wenn sich nichts verändern lässt, können nur Sie selbst die Konsequenzen ziehen und den Tanzpartner wechseln, sonst gehen Sie kaputt und versinken in der Opferrolle auf dem Jammersofa. Und wenn Sie da erst einmal drauf sitzen, wird es umso schwerer, wieder hochzukommen.

Wheel of Life – das Zufriedenheitsbarometer

Wer ist eigentlich zuerst fertig, Sie oder Ihre Arbeit? Eine gute Frage, über die es sich nachzudenken lohnt. Wie zufrieden sind Sie in Ihrem derzeitigen Job und mit Ihrer aktuellen Arbeitssituation? Finden Sie es heraus mit dem Wheel of Life. Das geht ganz einfach: Das Wheel of Life, übersetzt bedeutet es »Lebensrad«, hat acht Speichen. Sie können sich zum Beispiel fragen: Wie rund läuft mein Arbeitsleben? Das Wheel of Life gibt einen schnellen Überblick über Ihre Situation. In Abbildung 1 sehen Sie bereits mögliche Kriterien: Führungskraft, Kollegen, eigene Position et cetera. Das soll aber nur ein Vorschlag sein. Selbstverständlich können Sie andere Begriffe eintragen, wie zum Beispiel Arbeitspensum, Gehalt, Wertschätzung, Durchsetzungsfähigkeit, Informationspolitik, Belastbarkeit, Konfliktbereitschaft, Spaß, Gehalt, Erfolg, Sinn, Work-Life-Balance, Eigenständigkeit, Ankerkennung und Wertschätzung et cetera. Hier können Sie sehr kreativ werden und alles durchprobieren, was Ihnen wichtig ist. So bekommen Sie eine erste Einschätzung davon, wie zufrieden Sie mit bestimmten Umständen sind.

Ihre erste Aufgabe ist es also, die für Sie wichtigsten acht Kriterien in puncto Job und Arbeitsplatz in Ihrem persönlichen Wheel of Life festzulegen und einzutragen. (Das Wheel of Life gibt es als kostenfreien Download auf www.monica-deters.de/downloads).

Als Nächstes denken Sie über Ihren aktuellen Zufriedenheitsgrad in diesen Bereichen nach und bewerten diesen auf einer Skala von 1 bis 5 (1 = sehr unzufrieden, 5 = sehr zufrieden). Stellen Sie sich zu jedem Punkt immer folgende Frage: »Wie zufrieden bin ich aktuell mit XY?« Und dann setzen Sie – ohne lange zu überlegen – im Wheel of Life ein Kreuz an die entsprechende Stelle. Ihre Ist-Situation könnte zum Beispiel so aussehen:

Abbildung 1: Mit dem Wheel of Life aktuellen Zufriedenheitsgrad ermitteln

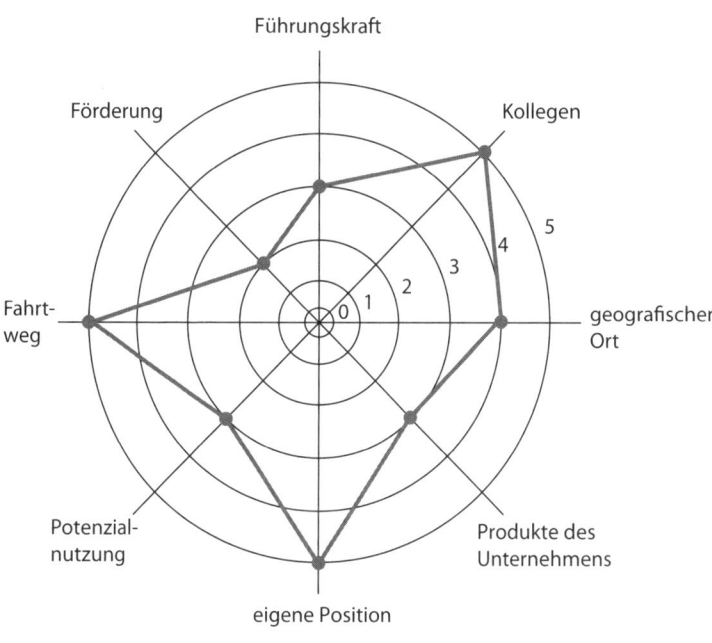

——— Ist-Zustand

Was ist hier zu erkennen? Mit ihrer Führungskraft ist die Mitarbeiterin Frau Müller nur durchschnittlich zufrieden, denn diese hat einen Zufriedenheitswert von 3 bekommen. Mit den Kollegen kommt Frau Müller scheinbar prima aus, denn die haben die höchste Zufriedenheitsstufe bekommen. Der Ort, an dem das Unternehmen beheimatet ist, ist auch soweit okay. Die Produkte des Unternehmens haben wieder nur einen durchschnittlichen Wert erhalten. Dafür ist Frau Müller aber sehr zufrieden mit ihrer Position. Allerdings scheint sie ihr Potenzial nicht einbringen zu können, da hier wieder nur ein Zufriedenheitswert von 3 angegeben ist. Der Fahrtweg scheint sehr gut zu sein, denn sonst hätte er keine 5 bekommen. Der Punkt Förderung hängt vermutlich mit dem Punkt »Potenzialnutzung« zusammen, denn hier gibt es sogar nur eine 2, der niedrigste Wert in dieser Grafik. Zusammengefasst lässt sich erkennen, dass Frau Müller grundsätzlich zufrieden ist, aber die Tatsache, dass sie von ihrem Chef nicht wirklich gefördert und optimal eingesetzt wird, macht sie unzufrieden. Doch möchte Frau Müller das überhaupt? Hier ist zunächst nur die Ist-Situation abgebildet. Schauen wir uns einmal die Soll-Situation an!

Im nächsten Schritt zeichnen Sie im Wheel of Life ein, wie Ihre Idealvorstellung in der jeweiligen Kategorie aussieht (siehe Abbildung 2), also was Sie sich wünschen. Vergleichen Sie nun, inwieweit Ihre Ist-Situation von Ihrer Wunschvorstellung abweicht. Gibt es irgendwo eine

Abbildung 2: Mit dem Wheel of Life Handlungsbedarf identifizieren

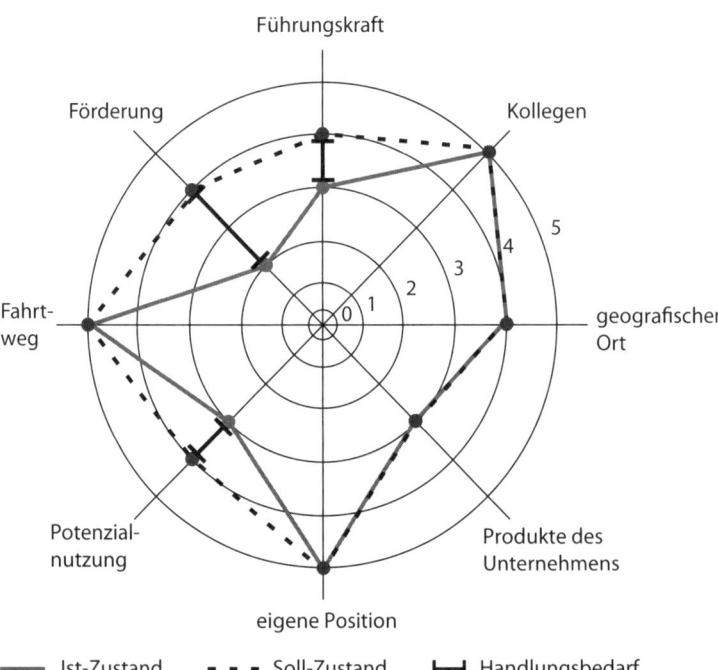

große Diskrepanz? Zeichnen Sie diese ein. So können Sie genau feststellen, wie viel Aufwand nötig ist, bis Sie wirklich zufrieden sind und wie weit die Realität von Ihren Wunschvorstellungen abweicht.

Frau Müller hat dadurch festgestellt, dass sie wirklich mehr gefördert werden möchte. Also gibt es hier aktiven Handlungsbedarf. Sie sollte sich darum kümmern, dass Ihr Chef das auch tut. Frau Müller sollte das Thema für sich selbst durchdenken, konkrete Vorschläge mit einer Auflistung von Vor- und Nachteilen entwickeln und sich um die Förderung bemühen, vielleicht in Form von Weiterbildung.

Mit dem Wheel of Life können Sie sich vor Augen führen, in welchen Bereichen Ihr Arbeitsleben bereits Ihren Vorstellungen entspricht und wo es noch Verbesserungspotenzial beziehungsweise dringenden Handlungsbedarf gibt.

Identifizieren Sie also zunächst, wo Ihre persönlichen Prioritäten liegen – und dann geht es darum, Ihre Wunschvorstellungen in die Tat umzusetzen. Ob und wie das mit Ihrem aktuellen Tanzpartner gelingen kann oder ob Sie sich besser einen neuen suchen sollten, wird sich noch herausstellen.

Dieses Tool funktioniert auf vielen Ebenen und für verschiedene Lebensthemen, ob privat oder beruflich. Sie könnten sogar so weit gehen, dass Sie Ihre Führungskraft immer kleinteiliger analysieren, indem Sie immer detailliertere Eigenschaften benennen. Das Ziel ist jedoch nicht, dass das Rad komplett rund wird. Jeder hat seine eigenen Prioritäten, sodass am Ende auch ein »Eier-Rad« dabei rauskommen kann. Wichtig ist, die Diskrepanz zwischen den einzelnen Punkten pro Kategorie festzustellen und den akuten Handlungsbedarf zu ermitteln.

Der alte Traum von der Arbeitsplatzsicherheit

Als ich in den ersten 15 Jahren meines Arbeitslebens steckte, hatte ich große Erwartungen an mein Unternehmen. Ich fühlte mich wohl, ich fühlte mich zugehörig und sicher. Ich dachte, dass es ewig so weitergehen würde ... Doch heutzutage gibt es keine langfristige Arbeitsplatzsicherheit mehr. Konnten sich Mitarbeiter früher noch auf einen langfristigen Job freuen, also auf rund 40 Jahre durchgehende Beschäftigung, kann man in manchen Branchen mittlerweile froh sein, wenn es ein paar Jahre am Stück sind. Befristete Arbeitsverträge sind heutzutage längst keine Seltenheit mehr. Irgendwie wollen die Unternehmen ihre Mitarbeiter schon an sich binden, aber dann doch nicht allzu fest. Jedenfalls halten sich viele vorsorglich eine Hintertür offen, um Mitarbeiter schnell wieder loswerden zu können, wenn sich die strategische Ausrichtung des Unternehmens ändert und Handlungsbedarf besteht. Unternehmerisch durchaus nachvollziehbar – menschlich hingegen finde ich es äußerst bedenklich, wie heutzutage mit Mitarbeitern umgegangen wird. Es wäre schöner, wenn sich die Mitarbeiter wieder sicherer und geborgener fühlen könnten.

Geborgenheit – am Arbeitsplatz? Ich sage: Ja! Denn wenn Mitarbeiter sich sicher und geborgen fühlen, können sie sich voll entfalten. Natürlich ist Geborgenheit ein großes Wort, aber das soll ja nicht heißen, dass der Chef Sie jeden Morgen mit »Moin, mien Deern« begrüßen und für Sie Kaffee kochen soll. Nein, Geborgenheit bedeutet Sicherheit, der Arbeitsplatz als ein Ort ohne Angst. Als ein Ort, an dem man seine Meinung sagen darf und sich einbringen kann. Als ein Ort, an dem man sich wohlfühlt. Dort, wo es neben professionell höchstem Anspruch auch Raum für Menschlichkeit gibt, fühlt man sich geborgen. Das Stichwort lautet also im Grunde »Menschlichkeit« – und die kommt leider heutzutage oft zu kurz.

Wie macht man Unternehmen menschlicher? Indem wir Mensch bleiben und Mensch sind. Menschlich sein bedeutet, alle sozialen Fähigkeiten, die wir zur Verfügung haben, den Kollegen, dem Chef, dem ganzen Unternehmen gegenüber einzusetzen. Höflich sein, aufmerksam sein, wertschätzend sein, loyal sein. Denn wie heißt es so schön: Wie man in den Wald hineinruft, so schallt es heraus. Natürlich stehen alle unter großem Druck und sind mit vielen Veränderungen konfrontiert. Gehen Sie also immer davon aus, dass Veränderungen im Umgang miteinander ihre Zeit brauchen. Es ist für Mitarbeiter nicht leicht, den ersten Schritt zu machen. Wenn Sie einen Vorgesetzten haben, der ständig unter Zeitdruck steht und genervt ist, möchten Sie vermutlich zu Ihrem Geburtstag keinen ausgeben oder von ihm beglückwünscht werden. Was können Sie da tun? Der Fisch stinkt zwar vom Kopf her, aber wenn es gar nicht anders geht, sollten Sie »mehr Menschlichkeit« mit Ihren Kollegen leben und sie auf dieser Ebene verstärken. Je stärker Menschlichkeit in einem Unternehmen gelebt wird, desto mehr schwappt sie auch auf Führungskräfte über.

Menschlichkeit ist eine Kulturfrage. Sie setzt Stil, Herzlichkeit und Niveau voraus. Ich habe schon viele entsetzliche Geschichten gehört, wie Menschen zum Beispiel gekündigt werden. Die Sekretärin des Chefs überbringt die Nachricht oder schickt eine E-Mail. Andere erfahren von ihrer Kündigung durch das geänderte Organigramm, auf dem ihr Name plötzlich nicht mehr zu finden ist. Ich persönlich habe einmal in einer allgemeinen Ankündigung gelesen, dass alle befristeten Verträge, also auch meiner, nicht entfristet werden und die betroffenen Mitarbeiter das Unternehmen verlassen müssen. Erst Tage später wurde ich zum Chef gerufen. Ein solches Verhalten macht wütend und fassungslos. Jeder könnte verstehen, wenn Sie bis zu Ihrem letzten Arbeitstag aus Rache am Chef ein bisschen Kleinholz hinterlassen würden, aber trotz aller Verletzungen, die man Ihnen zufügt, sollten Sie mit Anstand und Würde gehen. Das macht zwar nichts ungeschehen, aber Sie hinterlassen einen positiven bleibenden Eindruck. Nicht nur bei Ihren Kollegen, sondern auch bei Ihrem Chef. Und letztlich sieht man sich immer zweimal im Leben.

Lernen Sie aus »heiligen Arschtritten«

»Hinfallen, aufstehen, Krone richten, weitergehen.« Sicherlich kennen Sie diesen schönen Spruch. Er umschreibt genau das, was sich hinter dem etwas sperrigen Begriff »Resilienz« verbirgt. Das bedeutet, sich nach einem fiesen Sturz, zum Beispiel ausgelöst durch einen von mir so genannten »heiligen Arschtritt«, also Schicksals- oder sonst ein Schlag, wieder aufzuraffen und aufzurappeln. Wie ein Stehaufmännchen.

Im Job und gerade in der heutigen schnelllebigen und beanspruchenden Zeit ist Resilienz wichtig. Resilienz ist die innere Widerstandskraft des Menschen. Diese innere Ressource, die Ihnen dabei hilft, größere Belastungen oder Krisen (wie etwa Umstrukturierungen, Entlassungen oder erhöhten Arbeitsaufwand) souverän und quasi auf Knopfdruck abzurufen, ist zum Glück trainierbar. Sie können sich also mit der Zeit widerstandsfähiger, resilienter machen. Ich persönlich glaube, dass jedes Unternehmen nur so stark ist wie seine Mitarbeiter. Heilige Arschtritte haben ihr Gutes, weil sie Veränderungen provozieren. Und manchmal muss man zu seinem Glück gewissermaßen gezwungen werden.

Ich für meinen Teil brauchte ganze sieben »heilige Arschtritte«, wie ich es gerne nenne, um endlich aus dem Quark zu kommen und mein Leben wieder in die Hand zu nehmen. Man hat keinen Einfluss auf Schicksalsschläge. Doch was genau sind heilige Arschtritte? »Heilig«, weil sie am Ende doch was Gutes haben und wie aus »heiterem Himmel« auf uns niederprasseln und »Arschtritt«, weil es verdammt wehtut, was uns da passiert. Wenn man zum Beispiel nach langjähriger Firmenzugehörigkeit entlassen wird, oder in einen Burnout rutscht, weil man überlastet ist. Es gibt viele Dinge, die uns wehtun und einem deftigen Arschtritt nahekommen. Heilig wird er wie gesagt aber erst dann, wenn wir uns – nachdem wir uns ein wenig auf das Bridget-Jones-Sofa zurückgezogen und unsere Wunden geleckt haben – wieder auf die Beine kommen. Wenn wir wieder aufstehen und etwas verändern Doch wie schafft man das, wenn man am Boden liegt?

Genauso, wie man es schafft, wenn man wirklich am Boden liegt. Erstmal müssen Sie den Willen haben, überhaupt wieder aufzustehen. Wenn Sie den nicht haben, brauchen Sie es gar nicht erst zu versuchen. Doch wie fasst man wieder Mut, wenn man doch gerade dabei ist aufzugeben? Mit Würde, denn es ist eine Haltungssache, ob ich liegen bleibe oder nicht. Stellen Sie sich folgende Fragen: Wie sieht mein Leben in einem Jahr aus, wenn ich nichts ändere? Möchte ich das? Habe ich nichts Besseres verdient?

Und wenn Sie dabei auch nur ein Fünkchen Hoffnung in sich spüren, dann wissen Sie, dass es sich lohnt zu kämpfen. Machen Sie sich das Geschehene zum Vorteil, nutzen Sie Ihre Erfahrungen und geben Sie diese anderen weiter. Verändern Sie Ihr Leben, bis Sie wieder Lust haben, aufzustehen. Und hier kommt das ultimative Hausmittel gegen

Frustration: Tagträume. Träumen Sie, was das Zeug hält! Denken Sie sich Dinge aus, die Sie toll finden. Träumen Sie Ihr Leben schon mal vor, dann kommt auch die Lebenslust zurück. Und manchmal braucht es dann nur noch einen ganz kleinen Funken, der Ihr inneres Feuer wieder zum Lodern bringt. Also träumen Sie, was immer Sie wollen! Wenn Sie allerdings in eine richtige Depression geraten sind oder einen schwerwiegenden Burnout haben, kommen Sie mit Träumerei auch nicht weiter. Dann benötigen Sie professionelle Unterstützung durch einen Arzt oder Therapeuten. Hauptsache, Sie tun etwas, um dort wieder rauszukommen. Es lohnt sich zu kämpfen! Im Umgang mit Krisen gibt es immer nur zwei Möglichkeiten: Entweder Sie ergeben sich ihr, sehen nur die negativen Seiten und trudeln in der Abwärtsspirale immer weiter nach unten, oder Sie stellen sich ihr und sehen auch das Positive darin. Die entscheidende Frage ist also, wie man mit Arschtritten umgeht und ob man Resilienz, also die starke innere Widerstandskraft, entwickelt oder ein Leben lang herumjammert. Das Wichtige an Arschtritten ist jedoch: Sie haben die Kraft, aus solchen Situationen wieder herauszukommen. Also, runter vom Jammersofa! Werden Sie resilienter und trainieren Sie Ihre psychische Widerstandskraft, sodass Sie so schnell nichts mehr umhaut.

Wie widerstandsfähig sind Sie bereits? Finden Sie es heraus. Es gibt mehrere gute Resilienz-Tests, von denen ich Ihnen einen gern vorstellen möchte.

Füllen Sie den Test aus und stellen Sie fest, wie resilient Sie jetzt schon sind. Es ist natürlich nur die Momentaufnahme, aber auch das ist sehr hilfreich. Bewerten Sie jede der folgenden Aussagen mit einer Punktzahl nach folgendem Muster:[4]

1 Punkt: kaum zutreffend
2 Punkte: etwas zutreffend
3 Punkte: weitgehend zutreffend
4 Punkte: zutreffend
5 Punkte: sehr zutreffend

---

[4] Al Siebert: *The Resilience Advantage*, Berrett-Koehler Publishers, San Francisco 2005. Deutsche Übersetzung aus der *Psychologie heute* 7/2011.

Der Resilienz-Test

Aussage	Punkte
In Krisenzeiten oder chaotischen Situationen bewahre ich die Ruhe und konzentriere mich auf nützliche Gegenmaßnahmen.	
Meistens bin ich optimistisch. Ich betrachte Schwierigkeiten als vorübergehend, erwarte, dass ich sie meistere, und glaube, dass die Dinge gut ausgehen werden.	
Ich kann einen hohen Pegel an Ungewissheit und Ambiguität aushalten.	
Ich stelle mich schnell auf neue Situationen ein. Ich kann mich schnell von Niederlagen erholen.	
Ich bin spielerisch. Ich kann über mich selbst lachen und bin leicht zu amüsieren.	
Ich bin imstande, mich emotional von Verlusten und Genickschlägen zu erholen.	
Ich habe Freunde, mit denen ich reden kann. Ich kann meine Gefühle ausdrücken und um Hilfe bitten.	
Ich fühle mich selbstbewusst und weiß, wer ich bin.	
Ich bin neugierig. Ich will wissen, wie die Dinge funktionieren.	
Ich ziehe wertvolle Erkenntnisse aus meinen eigenen Erfahrungen und aus den Erfahrungen der anderen.	
Ich bin gut im Problemlösen. Ich kann analytisch, kreativ, praktisch denken.	
Ich will, dass die Dinge gut funktionieren und werde oft um Rat gefragt.	
Ich bin flexibel. Ich bin optimistisch und pessimistisch, vertrauensvoll und vorsichtig, selbstlos und selbstsüchtig – je nach Situation.	
Ich bin immer ich, aber ich merke, dass ich verschieden mit verschiedenen Menschen und in verschiedenen Situationen umgehen kann.	
Ich bin effektiver, wenn ich frei und selbstständig arbeiten kann.	

Ich habe eine gute Menschenkenntnis und vertraue auf meine Intuition.	
Ich kann gut zuhören und mich in andere einfühlen.	
Ich bewerte andere nicht und komme gut mit verschiedenen Menschen aus.	
Ich bin beständig. Ich halte in schwierigen Zeiten durch.	
Ich bin durch schwierige Erfahrungen stärker geworden und habe mich entwickelt.	
Ich konnte schon mal Unglück in Glück umwandeln und konnte Nützliches aus schlechten Erfahrungen ableiten.	

Auswertung

Eine Punktzahl von über 90 bedeutet, dass Sie schwierige Lebensumstände gut meistern und Ihre Resilienz stark ausgeprägt ist.
Eine Punktzahl von 70 bis 89 deutet ebenfalls auf eine ausgeprägte Resilienz hin. Sie sind bereits sehr selbstbewusst und zeigen in den meisten schwierigen Situationen Widerstandskraft.
Eine Punktzahl zwischen 50 und 69 Punkten zeigt, dass Sie die Fähigkeit zur Resilienz besitzen, dass diese aber noch nicht recht zum Tragen kommt. Ein wenig mehr Zuversicht in die eigenen Fähigkeiten kann hier nicht schaden.
Eine Punktzahl unter 50 zeigt, dass das Leben wahrscheinlich oft schwierig für Sie ist. Es kann sein, dass Sie mit Druck nicht gut umgehen können. Sie können schlechten Erfahrungen nichts Nützliches abgewinnen. Sie fühlen sich verletzt, wenn Menschen Sie kritisieren. Manchmal fühlen Sie sich hilflos und ohne Hoffnung. Wenn dies auf Sie zutrifft, sind Ihre Resilienzfähigkeiten nicht stark ausgeprägt.

Sie sind schon ziemlich außer Puste? Müssen Sie nur eine Verschnaufpause einlegen oder haben Sie die Schnauze gestrichen voll und wollen runter von der Tanzfläche? Das hängt von Ihrer aktuellen Zufriedenheit und Ihrem Leidensdruck ab. Ich sage immer: Wenn mir der Job mehr

Kraft gibt, als er mir nimmt, dann passt es! Ist das bei Ihnen auch so? Erinnern Sie sich an die 80/20-Regel. Wenn die Füße voller Blasen sind und höllisch wehtun, weil die Schuhe zu klein oder zu groß sind, sollten Sie sich dringend erholen und von jetzt an passende Schuhe tragen. Laufen Sie sie gut ein und vergessen Sie nie: Fremde Schuhe passen niemals! Sie können nur Ihre eigenen Tanzschuhe austreten, die sich Ihrem Fuß mit der Zeit perfekt anpassen. Übersetzt heißt das: Leben Sie Ihren eigenen Stil. Wenn Sie sich immer zu sehr nach anderen richten, verlieren Sie Ihre Kraft!

Wenn Sie aber schon total ausgepowert sind, ist es schwer, wieder Kraft zu schöpfen. Es ist schwer, sich aufzuraffen. Das Schwierigste daran ist, die eigenen Stärken und Ressourcen zu erkennen und sie bewusst einzusetzen.

Jeder Mensch hat seine eigenen Ressourcen. Eigentlich müssten Unternehmen die Mitarbeiter nach Fähigkeiten und Talent einstellen und nicht nach Leistungen oder Noten. Ich hatte Glück, denn ich konnte meinen Beruf als Assistentin, also als Dienstleisterin, in jeder Branche, in jeder Abteilung und auf jeder Ebene ausüben. Mir war damals nur nicht bewusst, dass es eigentlich der Dienstleistungsgedanke ist, der mir so großen Spaß macht. Auch als Selbstständige bin ich ja nach wie vor Dienstleisterin. Das ist es, wofür mein Herz schlägt und brennt: Menschen zu stärken und zu entlasten!

- Wofür schlägt Ihr Herz?
- Was macht Sie stark?
- Was gibt Ihnen Kraft?

Zehn Schritte für mehr Resilienz

Tanzlehrer fordern ihre Schüler auf: »Bitte vorausschauend tanzen«, und das gilt übertragen ebenso für Angestellte: »Bitte vorausschauend arbeiten.« Oft reagieren wir eher, statt proaktiv zu sein. Je früher Sie erkennen, welche Probleme oder Krisen auf Sie zukommen könnten, desto eher können Sie etwas dagegen tun oder ausweichen. Oder Sie tummeln sich gar nicht erst in diesem Teil der Tanzfläche, die ohnehin schon überfüllt ist und Ihnen daher das Tanzen dort keinen Spaß bringt. Gerade wenn Unternehmen umstrukturiert werden, fusionieren oder in Not geraten, ist Resilienz hilfreich. Sie finden konstruktive Lösungen für Ihre Herausforderungen, da Sie aktiv sind. Und so entsteht nicht nur für Sie selbst, sondern auch für Ihr Unternehmen ein nachhaltiger Nutzen. Sie lernen Ihre Persönlichkeit besser kennen, stärken Ihr Selbstvertrauen, aktivieren Ihre innere Stärke und erkennen sehr genau Ihre Ziele und Wünsche.

Sollten Sie beim Resilienz-Test festgestellt haben, dass bei Ihnen in der Hinsicht noch Luft nach oben ist, sorgen Sie dafür, dass Sie Ihre Widerstandsfähigkeit auf Vordermann bringen. Die American Psychological Association beschreibt in *The Road to Resilience*, die zehn besten Schritte für mehr Resilienz.

1. Stärken Sie Ihre sozialen Kontakte!
In »harten« Zeiten ist ein gut geknüpftes Kontaktnetz sehr vorteilhaft, weil Sie sich je nach Notlage Hilfe bei den »richtigen« Ansprechpartnern holen und somit Ihre Probleme einfacher lösen können. Ein Anruf bei guten Freunden kann Wunder wirken. Nehmen Sie sich Zeit für einen Anruf, eine SMS oder noch besser einen Besuch. Bleiben Sie in Kontakt!

2. Erkennen Sie, dass jedes Problem überwindbar ist!
»Nach Regen kommt Sonne«, steht bei mir auf einer Postkarte, die ich aufgehängt habe. Erinnern Sie sich an schwierige Situationen, die Sie in Ihrem Leben bereits erfolgreich gemeistert haben. Bis jetzt hat sich doch alles irgendwie in Wohlgefallen aufgelöst, oder? Das gibt Kraft und Zuversicht!

3. Akzeptieren Sie, dass Veränderung zum Leben gehört!
Ansonsten wäre es ja auch ziemlich langweilig, oder? Leben ist Veränderung. In die eine Richtung und leider auch in die andere. Wenn Sie das verstehen und akzeptieren, ist das bereits »die halbe Miete«. Versuchen Sie, Veränderungen zu mögen. Sie könnten Sie in eine interessante neue Richtung schubsen, die im Nachhinein vielleicht doch gar nicht so schlecht ist.

4. Verfolgen Sie aktiv Ihre Ziele!
In diesem Fall bitte nicht »Abwarten und Tee trinken«, sonst könnte es passieren, dass Sie nicht von der Stelle kommen. Ins Tun zu kommen, bedeutet auch, dass die Dinge ins Rollen kommen, dass sich Chancen ergeben. Die Herausforderung in schwierigen Situationen ist, den Fokus wieder auf Neues zu lenken und aus der Passivität herauszukommen. Das gelingt am besten durch kreatives und fröhliches Aushecken von Plänen. Und das müssen Sie nicht alleine tun!

5. Handeln Sie entschlossen!
Treffen Sie Entscheidungen und handeln Sie entsprechend. Das ist im Übrigen auch von Vorteil für ein überzeugendes Auftreten. Wenn Sie zögerlich sind, merkt man es Ihnen an. Entschlossenheit entsteht immer dann, wenn Sie sich intensiv mit Ihren Zielen oder der Situation auseinandergesetzt und alles gut durchdacht haben. Irgendwann sind Sie »reif« und können mutig handeln.

6. Identifizieren Sie Ihr Wachstumspotenzial!
Machen Sie sich bewusst, wie Sie anhand früherer Herausforderungen gewachsen sind. Was haben Sie gelernt? Genau dieser Lernerfolg ist Ihr inneres Wachstum. Wenn Sie derzeit in einer schwierigen Situation stecken: Was benötigen Sie noch um diese leichter durchzustehen? Vielleicht mehr Gelassenheit? Genau das ist dann der Bereich, in dem Sie noch wachsen können und sollten.

7. Bauen Sie ein positives Selbstbild auf!
Nur wenn Sie sich selbst mögen und akzeptieren, können Sie positiv auf andere zugehen und wertvolle soziale Kontakte aufbauen und pflegen. Wenn Sie sich in Ihrer Haut wohlfühlen, strahlen Sie das auch aus. Doch das ist leichter gesagt, als getan: Setzen Sie sich positiv mit sich auseinander und schreiben Sie doch mal ein Erfolgstagebuch, in dem ausschließlich positive Dinge über Sie drinstehen dürfen. Nur Mut, es wird proppenvoll!

8. Betrachten Sie die Dinge langfristig!
Manchmal sehen wir den Wald vor lauter Bäumen nicht. Behalten Sie Ihre »großen« Themen und Ziele im Auge und steuern Sie in kleinen Schritten darauf zu. Immer wenn Sie sich zu sehr auf ein Problem einschießen und sich immer weiter reinsteigern, ist es Zeit für den Wolkenblick. Schauen Sie aus dem Fenster, denken Sie sich auf eine Wolke und stellen Sie sich vor, von oben auf die Dinge zu schauen, die Sie belasten. Das bringt wieder Objektivität. Eine schöne Frage, die Sie sich auch stellen können: Ärgert mich das in fünf Jahren noch?

9. Bleiben Sie optimistisch!
Der Optimist schaut nach vorne und lässt sich nicht so einfach umhauen. Doch wie wird man zum Optimisten? Indem Sie sich immer fragen: »Was ist das Gute daran?« Sie werden sehen: Es gibt immer etwas Gutes in Herausforderungen. Es bedarf zugegebenermaßen manchmal etwas Selbstüberwindung, den Blickwinkel zu verändern. Ein Kompromiss könnte so aussehen: Erst dürfen Sie das Negative sehen … (jammern und Dampf ablassen erlaubt), aber dann müssen Sie sich die oben gestellte Frage beantworten.

10. Passen Sie auf sich auf!
Wenn Sie es nicht tun, tut es keiner! Seien Sie sich selbst ein guter Freund und überfordern Sie sich nicht. Loben Sie sich selbst, nehmen Sie Druck raus und haushalten Sie mit Ihren Kräften!

Die TROST-Formel für Konfliktsituationen

Lange Zeit habe ich in einem großen Unternehmen als Vorstandsassistentin gearbeitet. Mein Chef war nicht sehr kompetent und – ehrlich gesagt – auch nicht sonderlich nett. Viele Kollegen fürchteten ihn, da er ein sehr guter Rhetoriker war und es brillant verstand, andere verbal in die Ecke zu stellen. Mich hatte er als seine direkte Mitarbeiterin überwiegend in Ruhe gelassen. Bis er auch mich eines Tages aus heiterem Himmel anschrie. Ich war dermaßen von den Socken, dass ich wie erstarrt vor ihm stand und überhaupt nicht mehr reagieren konnte. Ich schaute ihn einfach nur mit großen, angsterfüllten Augen an. Noch nie hatte ich so etwas erlebt! Das Einzige, was ich letztendlich schaffte: Ich drehte mich wortlos um und lief weg. Tja, ganz schön peinlich, aber ich hatte einfach Angst vor diesem cholerischen Mann. Und das Schlimmste war: Ich fühlte mich schlecht, obwohl doch *er* den Fehler gemacht hatte. Zack, weg war ich!

Zwar nur eine Tür weiter in meinem eigenen Büro, aber immerhin. Und natürlich fing ich an zu heulen – und ärgerte mich noch mehr über mich selbst, weil ich nicht souveräner mit der Situation umgehen konnte. Aus solchen Erlebnissen, die sicherlich jeder Berufstätige zur Genüge kennt, ist meine TROST-Formel entstanden:

- *Tiefschlag:* Wow, das hat gesessen! Bei diesem Schritt hat's gerumst. Hier passiert die Verletzung.

- *Rückzug:* Raus aus der Situation! Ziehen Sie sich erst einmal zurück und lecken Sie Ihre Wunden. Das darf sein. Sie müssen nicht sofort reagieren und hochintelligente Sprüche bringen. Sehen Sie zu, dass Sie wieder Boden unter die Füße bekommen. Kein Stress.

- *Orientierung:* Analysieren Sie die Situation, verschaffen Sie sich einen Überblick. Wer hat eigentlich was getan? Inwieweit war es wirklich eine Beleidigung oder ein Angriff? Haben Sie das richtig empfunden oder gab es vielleicht einen ganz anderen Grund, warum das passiert ist? Wer hat sich nicht korrekt verhalten? Die Person, die »angegriffen« hat, oder doch Sie selbst?

- *Stärkung:* Suchen Sie sich Unterstützer und Verbündete! Sprechen Sie mit Vertrauenspersonen über das, was Ihnen widerfahren ist, und holen Sie deren objektive Meinung zum Geschehen ein. Es ist gut, die Dinge auch aus einer anderen Perspektive zu betrachten. Wenn Sie zu dem Schluss kommen, dass es definitiv nicht (nur) Ihre Schuld war, ist es Zeit für den nächsten Schritt.

- *Tun:* Erst jetzt reagieren Sie! Genug gejammert, es ist Zeit zu handeln. Entscheiden Sie, ob Sie zukünftig noch Kontakt mit dieser Person haben möchten (oder müssen) oder nicht. Gibt es von Ihrer Seite noch etwas zu klären? Möchten Sie den Konflikt aktiv aus dem

Weg schaffen und dieses Thema offen ansprechen? Oder möchten Sie zukünftig überhaupt nichts mehr mit dieser Person zu tun haben? Denn das brauchen Sie nicht, wenn Sie das nicht möchten. Wie auch immer Sie sich entscheiden: Hauptsache, Sie tun's!

Es ist kein Wunder, dass es bei den unterschiedlichsten Charakteren, die im Unternehmen aufeinandertreffen, hin und wieder kracht. Im beruflichen Kontext kann es unterschiedliche Ziele geben, die die Parteien verfolgen, es kann um Kompetenzgerangel gehen oder aufgrund unzureichender Transparenz und Kommunikation können Missverständnisse und Fehlinterpretationen entstehen. Konfliktpotenzial findet sich also genug und das ist erst einmal gar nicht schlimm. Friede, Freude, Eierkuchen gibt es eben nicht auf Dauer. Wichtiger ist es, wie man mit Reibereien und Streitigkeiten umgeht. Der Beziehungstrainer Olaf Schwantes empfiehlt eine Analyse von Konflikten, um sie im Anschluss gemeinsam zu lösen.

- Analysieren Sie die Konfliktsituation noch einmal genau, um festzustellen, was passiert ist. Wie haben Sie sich verhalten, wie hat sich Ihr Vorgesetzter verhalten?
- Welche Gefühle hat diese Situation in Ihnen ausgelöst? Waren Sie ärgerlich oder einfach nur traurig, weil zum Beispiel Ihre Meinung nicht respektiert wurde?
- Was hätten Sie in dieser Situation benötigt, um dieses Gefühl nicht zu haben? Hätten Sie sich zum Beispiel einfach nur gewünscht, dass Ihr Chef Ihnen aufmerksam zuhört? Inwiefern hätten Sie sich anders verhalten können und was bräuchten Sie dafür konkret von Ihrem Vorgesetzten?

Wenn Sie Ihre Konfliktanalyse vorgenommen haben, bitten Sie Ihren Chef um ein offenes und ehrliches Gespräch, um gemeinsam eine Lösung zu finden. Bereiten Sie sich gut darauf vor, um den Konflikt nicht zu verschlimmern. Schreiben Sie dazu am besten Ihre Erkenntnisse auf und formulieren Sie Ihre Aussagen in Ich-Botschaften. Dadurch vermeiden Sie, dass Sie dem Gesprächspartner Vorwürfe machen. Bleiben Sie sachlich.

Kennen Sie Ich-Botschaften? Was verbirgt sich dahinter? Ich-Botschaften aussenden heißt, mit dem Gesprächspartner zu reden, ohne dessen Gefühle zu verletzen oder ihn anzugreifen. Man begegnet sich offen, respektvoll und ehrlich. Du-Botschaften werden vom anderen meist als Herabsetzung, als Angriff oder als Ablehnung empfunden und provozieren Vergeltungsmaßnahmen. Anstelle der Bereitschaft für eine Veränderung rufen Sie eher Widerstand und Groll hervor. Du-Botschaften bleiben nicht auf der Sachebene, sondern greifen das Verhalten, die Gefühle oder den Willen des anderen an. Es geht nicht mehr um das Problem selbst, sondern es werden ausschließlich Aussagen über den Empfänger gemacht. Ich-Botschaften sind aber nicht automatisch Sätze, die mit »Ich« anfangen: »Ich finde, Du bist ein Arschloch!«, geht natürlich nicht!

Auf das Beispiel meines cholerischen Chefs hätte ich auch so reagieren können: »Sie haben mich grundlos angeschrien. Ich finde das ungerecht, weil ich für diesen Fehler nicht verantwortlich bin.« Tja, aber wie das immer so ist: Es ist mir in der Sekunde einfach nicht eingefallen. Mittlerweile bin ich da etwas geübter. Und genau das ist das Zauberwort: Üben. Dann klappt es auch immer mehr mit der Souveränität.

An dieser Stelle lohnt es sich auch wieder, Bilanz zu ziehen und Ihren Arbeitsalltag kritisch zu durchleuchten: Gab es Situationen, in denen Sie sich im Nachhinein darüber geärgert haben, wie Sie reagiert (oder eben nicht reagiert) haben? Überlegen Sie, was sie anders oder besser hätten machen können. Schlagfertigkeit und der souveräne Umgang mit kniffligen Situationen lassen sich trainieren!

- In welchen Situationen fühlen Sie sich selbstbewusst und stark? Das sind die Bereiche, in denen Sie jetzt schon Spitzenklasse sind. Das sind Ihre persönlichen Stärken, die Sie auch in puncto Eigen-PR nutzen können.

- In welchen Situationen fühlen Sie unwohl und unsicher? Warum? Was können Sie tun, damit Sie souveräner reagieren? Wenn Sie sich fachlich überfordert fühlen, nutzen Sie Weiterbildungsangebote. Wenn Sie feststellen, dass es ganz bestimmte Situationen (Zeitdruck, Stress, Streit mit dem Vorgesetzten) sind, die Ihnen Schwierigkeiten

machen, lassen Sie sich bei einem entsprechenden Seminar, Workshop oder Coaching zeigen, wie Sie besser damit umgehen können.
- Welche Menschen stärken Sie? Das sind Ihre Verbündeten – und die brauchen Sie. Denn als Einzelkämpfer hat man es schwerer. Bauen Sie Ihre Netzwerke in der Arbeit und in Ihrem Umfeld stetig aus. Das hilft auch dabei, im Fall der Fälle schneller einen neuen Tanzpartner zu finden, da sie früher von Jobangeboten erfahren.
- Was fällt für Sie persönlich in die Kategorie »heiliger Arschtritt«? Was haben Sie schon viel zu lange erduldet und welche Verhaltensweisen Ihnen gegenüber können und wollen Sie auf gar keinen Fall mehr akzeptieren?

Jeder Mensch interpretiert und empfindet »heilige Arschtritte« anders. Je nach Einstellung oder Dicke des Fells. Für den einen ist ein ungerechtes Anschreien schon ein mittelschweres Erdbeben und löst eine Sinnkrise aus, an den anderen perlt es ab wie an Teflon. Mit heiligen Arschtritten sind jedoch die wirklich schweren Themen gemeint, die lebensverändernd sind. Heilige Arschtritte verändern uns letztlich zum Positiven, auch wenn wir das zunächst kaum glauben können.

Irgendwann muss Schluss sein

Es gibt Songs, die einfach nicht enden wollen, und man muss tanzen und tanzen und tanzen, auch wenn einem schon fast die Lust vergangen ist. Doch man hofft – darauf, dass das Lied bald vorbei ist, und darauf, dass das nächste der absolute Knaller wird. Jetzt von der Tanzfläche zu gehen, wäre doch wahnsinnig, schließlich hat man sich seinen Platz mühsam erkämpft! Oder?

So ist es auch im Beruf: Wir sind fleißig, fleißig, fleißig. Und wir sind es nicht gewohnt, dass uns jemand danach fragt, ob es uns (noch) gefällt. Funktionieren ist das Wichtigste. Doch jetzt komme ich und frage Sie ganz offen: Gefällt Ihnen das, was Sie tun? Finden Sie Erfüllung darin? Sind Sie zufrieden und glücklich damit? Natürlich weiß ich, dass es nicht immer danach gehen kann, dass wir unseren Spaß haben; es gibt durchaus Dinge, die eine höhere Priorität haben. Dennoch muss die Frage erlaubt sein. Niemand hat behauptet, dass das Leben für jeden eine einzige La-Ola-Welle der Begeisterung ist. Aber es hat auch keiner gesagt, dass es nur aus stupidem Abarbeiten, langweiliger Routine und Automatismus bestehen muss. Warum sollten Sie weiter einen Job ausüben, an dem Sie wenig Spaß haben, der für Sie keinen Sinn mehr ergibt oder der Ihnen womöglich die Energie aussaugt? Womöglich tut uns langfristig eine Arbeit nicht gut, die uns nicht gefällt. In der heutigen Zeit unserer Wohlstandsgesellschaft können wir uns durchaus den »Luxus« gönnen, uns damit zu beschäftigen, für wen und wie wir gerne arbeiten würden. Unsere Eltern und Großeltern hatten noch ganz andere Sorgen. Da ging es um Wiederaufbau nach dem Krieg und halbwegs ausreichend Essen für alle auf dem Tisch. Heutzutage geht es um Lebensqualität, um Zufriedenheit, um innere Ausgeglichenheit. Und genau das darf sein!

Nicht jeder muss Profitänzer werden

Wer sagt denn, dass jeder zwangsläufig Karriere machen muss? Es gibt viele Menschen, die sehr zufrieden in ihrem Job sind und gar nicht weiter aufsteigen wollen. Höher, schneller, weiter – das braucht nicht jeder, um glücklich und zufrieden zu sein. Und das ist auch gut so. Suchen Sie sich also auf der Tanzfläche Ihren Lieblingsplatz. Dort, wo Sie sich am besten verwirklichen können und zufrieden sind, tanzen Sie richtig. Das muss nicht in der Mitte sein und Sie müssen auch nicht die Rampensau geben, wenn das nicht in Ihrer Natur liegt.

Sich sicher und selbstbewusst auf dem beruflichen Parkett zu bewegen, egal auf welcher Ebene, ist nicht immer leicht, aber durchaus erlernbar! So gibt es zum Beispiel genügend Jobs, die zu Unrecht belächelt oder geringschätzig als minderwertig abgetan werden. Man braucht schon ein dickes Fell, um diese Form der Missachtung wegzustecken. Ich für meinen Teil finde: Jeder Job in dieser Gesellschaft ist wichtig und notwendig. Hermann Hesse bringt es so auf den Punkt: »Jeder, der das wirklich tut, wozu er fähig ist, ist ein Held.« Wie schade, dass einige das nicht sehen und hart arbeitende Menschen von oben herab behandeln.

Wertschätzung für jeden (Mit-)Arbeiter sollte im Vordergrund stehen, nicht nur bei den Chefs, sondern im Allgemeinen. Jeder hat es verdient, von seinen Mitmenschen freundlich, anständig und respektvoll behandelt zu werden, egal auf welcher Hierarchieebene, egal ob Putzfrau, Pförtner, Sekretärin, Abteilungsleiter oder Vorstandschef. Dies vorzuleben, ist eine der Aufgaben einer guten Führungskraft, denn dann passt das Arbeitsklima und es macht allen Spaß. Und für einen solchen Boss würden doch auch Sie viel eher durchs Feuer gehen, oder? Mit so einem hätten Sie Lust zu tanzen. Mit den anderen nicht!

Hochtanzen – Sie selbst bestimmen Ihre Karriereschritte

Gleich vorweg: Hochtanzen heißt nicht sich hochschlafen! Zu diesem leicht brisanten Thema können Sie gern etwas im Outro lesen. Obwohl es hier definitiv keine Tipps dafür geben wird. Da sind Sie bei mir an der falschen Adresse! In diesem Kapitel geht es eher um vorausschauende Karriereplanung. Wer also Karriere machen möchte, immer los! Keine falsche Bescheidenheit. Doch egal wie hoch Sie hinauswollen: Bitte werden Sie nicht zu verbissen, verlieren Sie nicht den Spaß an der Sache.

Bevor Sie sich daran machen, die Karriereleiter zu erklimmen, stellen Sie sich folgende Fragen:

- Möchten Sie wirklich Karriere machen? Sind Sie bereit, Verantwortung zu tragen, operativ wie personell? Können Sie Druck gut aushalten?
- Fühlen Sie sich im Karrierewettbewerb wohl?
- Haben Sie überhaupt das Zeug dazu?

Wenn Sie alle Fragen mit einem klaren Ja beantwortet haben, dann los! Holen Sie sich den Erfolg! Und ich gehe noch weiter: Wenn Sie sich dafür entschieden haben, dann erlauben Sie sich, richtig groß zu denken. Fast alle Menschen, die ich kenne, könnten Besseres leisten und mehr erreichen, als sie sich selbst zutrauen. Also: Erobern Sie so viel Tanzfläche, wie Sie möchten. Vielleicht möchten Sie aber auch der DJ sein oder der Clubbesitzer. Welche Pläne Sie auch haben: Verdoppeln Sie Ihren Mut! Sollten Sie einige der Fragen mit Nein beantwortet haben, ist das auch vollkommen okay. Keiner hat gesagt, dass man Karriere machen muss, um glücklich und erfolgreich zu sein.

Fünf Tipps zum Hochtanzen

1. Planen Sie Ihre Karriereschritte!
Wo wollen Sie hin und wie kommen Sie da an? In jedem Navi muss man das Ziel einprogrammieren, bevor die Route berechnet werden kann. Das ist also die erste Frage, die Sie beantworten müssen. Und erst dann überlegen Sie, wie Sie das erreichen. Überlegen Sie, welche Kontakte Sie knüpfen, welche Strategien Sie verfolgen oder welche Seminare Sie in den nächsten zwölf Monaten besuchen sollten, die Sie in Ihrer beruflichen und/oder persönlichen Entwicklung voranbringen.

2. Entdecken Sie Chancen und halten Sie die Augen offen!
Pflegen Sie Ihre Kontakte und tauschen Sie sich mit Kollegen, Vorgesetzten et cetera aus. Manchmal erfährt man in der Kantine oder im Fahrstuhl die spannendsten Neuigkeiten, zum Beispiel wo im Unternehmen eine Stelle vakant wird, die für einen selbst interessant sein kann. Gehen Sie mit offenen Augen und Ohren durch das Unternehmen.

3. Kommunizieren Sie Ihren Wunsch!
Man sieht Ihnen Ihre Wünsche nicht an. Äußern Sie also Ihre Vorstellungen und Wünsche offen und ehrlich, zum Beispiel im nächsten Zielvereinbarungsgespräch mit Ihrem Chef. Planen Sie vorher, was Sie genau erreichen möchten. Dann wundert sich später keiner, wenn Sie sich verändern möchten. Ich habe häufig die Erfahrung gemacht, dass Mitarbeiter immer wieder gesagt haben, dass sie noch nicht da sind, wo sie

hin möchten und dies nur eine Zwischenstation ist. Das ist mutig, aber auch sehr schlau, denn es wird in der Regel völlig akzeptiert. Das bringt Sie weiter, als Sie denken, da andere ebenfalls die Ohren und Augen offenhalten und Ihnen Dinge zugetragen werden.

4. Entwickeln Sie sich weiter und reden Sie darüber!
Besuchen Sie Seminare, die für Ihre Entwicklung sinnvoll sind, egal ob es sich um Hard Skills oder Soft Skills handelt. Trauen Sie sich, über Ihren Schatten zu springen, denn diese Sprünge sind es meist, die uns am ehesten voranbringen. Stillstand ist Rückschritt. Es nützt aber nichts, wenn Sie sich diese Qualifikationen heimlich zulegen. Reden Sie darüber und erzählen Sie, was Sie interessiert und worin Sie sich weiterbilden. So etwas bleibt nie unbemerkt.

5. Machen Sie einen Zeitsprung und visualisieren Sie Ihren Erfolg!
Eine prima Motivation, auch wenn sich das ein bisschen abgegriffen anhört. Stellen Sie sich in Gedanken vor, wo Sie in drei Jahren stehen werden. Wie soll es dann in Ihrem Leben aussehen? Malen Sie sich diese Situation in allen Einzelheiten aus. Lassen Sie dabei ein positives Bild vor Ihren Augen entstehen. Verinnerlichen Sie die positiven Gefühle, die Sie empfinden. So fühlt sich »Ihr« Erfolg an. Wunderbar! Sie werden sehen, dass Sie sich immer wieder an dieses Bild erinnern werden, weil Sie es »abgespeichert« haben. Das treibt Sie an, denn die innere Visualisierung bringt Klarheit und Kraft!

Eingrooven – Kommen Sie in den Flow!

Ich sage immer: »Das ganze Jahr keinen Sport treiben, aber die ganze Nacht durchtanzen – kein Problem!« Haben Sie auch schon erlebt, dass sie sich stundenlang auf der Tanzfläche verausgaben und nicht aufhören können oder wollen, weil es einfach so viel Spaß macht? Doch warum ist das so? Weil Sie sich beim Tanzen entfalten und ausdrücken können? Es muss auch nicht unbedingt das Tanzen sein, denken Sie einfach an Dinge, die Sie leidenschaftlich gerne tun – Ihre Hobbys machen doch im Grunde keine Arbeit, oder? Und so sollte es auch im Job sein! Wenn Sie Lust auf Ihre Arbeit und Spaß daran haben, kommen Sie in den Flow, wie Mihály Csíkszentmihályi das Phänomen nennt, und Sie vergessen alles um sich herum. Erlauben Sie sich also etwas mehr Lust an der Arbeit. Lust am Leben. Lust auf Leben. Sie haben es sich verdient – und wenn es Ihnen bisher noch keiner erlaubt hat, dann tue ich es hiermit!

Nehmen Sie sich Zeit für Ihre Arbeit. Das bedeutet ganz konkret, dass Sie auch schon mal die Tür schließen, wenn Sie denn eine haben. Vertiefen Sie sich in Ihre Arbeit und nehmen Sie sich nicht zu viele Projekte auf einmal vor. Planen Sie im Voraus, was Sie wann machen möchten, so gewinnen Sie Zeit und können sich ganz und gar vertiefen. Stellen Sie einen Handywecker, damit Sie nicht ständig auf die Uhr schauen müssen. Sorgen Sie wenn möglich schon bei der Annahme von Aufgaben, dass diese stärkenorientiert vergeben werden. Machen Sie bereits in Zielvereinbarungsgesprächen deutlich, welche Arbeiten Ihnen besonders gut liegen und für welche Aufgaben Sie dem Unternehmen am wertvollsten sind. Beobachten Sie sich selbst: Was macht Ihnen besonders viel Spaß und wobei sind Sie schon einmal in den Flow geraten. Wie waren die Rahmenbedingungen dabei? Lassen sich diese an Ihrem aktuellen Arbeitsplatz umsetzen? Enthusiasmus, dieses Wort hat eine große Wirkung. Ich brauche es nur zu lesen und schon löst es pure Motivation in mir aus. Das geht aber nur, wenn es wirklich etwas gibt, wofür es sich lohnt, enthusiastisch zu sein. Doch was bedeutet Enthusiasmus? Pure Begeisterung, große Freude und ein starkes Engagement für eine Sache, die Sie als lohnenswert empfinden.

Warum gibt es so viele Menschen, die ein Ehrenamt ausüben? Warum sitzt der Mitarbeiter abends noch an seinem Schreibtisch und macht die Präsentation für den Chef fertig, obwohl er es überhaupt nicht verlangt hat. Warum lernt die 42-jährige Kollegin nach einem langen Arbeitstag noch für ihr Fernstudium? Weil sie alle etwas gefunden haben, was ihnen Spaß macht. Worin sie einen Sinn sehen. Wofür es sich lohnt zu interessieren und sich überdurchschnittlich einzubringen. Enthusiasmus geht grundsätzlich immer leicht. Und leicht geht immer nur dann etwas, wenn Sie Ihre inneren Antreiber und Motivatoren gefunden haben und Sie von alleine für etwas brennen. Das ist Ihr Seismograf. Ihr Regler. Ihr Thermostat. Wenn etwas schwer geht oder Sie nicht begeistert sind, dann ist es unmöglich, enthusiastisch zu sein. Nun müssen Sie auch nicht gleich sich selbst auf die Brust klopfend über die Büroflure laufen, weil Sie so unfassbar begeistert sind. Zufriedenheit reicht oft schon. Doch wenn Sie etwas gefunden haben, was Sie nicht nur zufrieden macht, sondern Sie grundsätzlich begeistert, dann gehen Sie auch für sich selbst, für den Chef oder für irgendeine Sache durchs Feuer! Und das ist Enthusiasmus! Wie begeistert sind Sie von Ihrer Arbeit? Von Ihrem Chef? Von Ihrem Leben? Das Gute daran ist: Sie können Ihren Enthusiasmus fördern und stärken, selbst in schwierigen Situationen. Ändern Sie Ihre Sicht auf die Sache, finden Sie jemanden oder etwas, für den oder wofür sich Ihr Engagement lohnt.

Aus dem Takt geraten?

Es gibt verschiedene Gründe, warum der Tanz mit dem Boss zum Teil so schwerfällig und lustlos anmutet und Sie nicht in Begeisterungsstürme ausbrechen.

- *Mangelnde Information:* Wenn die Mitarbeiter nicht wissen, worum es dem Unternehmen eigentlich geht, warum sollten sie sich einbringen? Hier werden Leistungspotenziale nicht ausgeschöpft.
- *Mangelnde Kommunikation:* Je mehr mit den Mitarbeitern kommuniziert wird, desto eher sind sie motiviert, sich einzubringen, um das Unternehmen gemeinsam nach vorne zu bringen. Mitarbeiter sind schlau und haben frische und innovative Ideen.
- *Keine klar abgesteckten Kompetenzbereiche:* Wenn Mitarbeiter oder ganze Abteilungen unkoordiniert vor sich hin wursteln, herrscht Kuddelmuddel auf der Tanzfläche. Schlimmstenfalls werden manche Arbeiten doppelt und andere hingegen gar nicht erledigt, weil sich niemand zuständig fühlt.
- *Kein selbstständiges Arbeiten:* Wenn Mitarbeiter nur auf Zuruf arbeiten sollen, werden sie immer passiver und stellen das Mitdenken ein.

- *Fehlende Entscheidungsstärke in der Führungsebene:* Es werden zu zögerlich und zu selten klare Entscheidungen getroffen, und es wird zu oft einfach nur herumgeeiert. Dabei ist eine falsche Entscheidung manchmal besser als gar keine, denn so geht es zumindest in irgendeiner Form voran. Keine Entscheidungen zu treffen bedeutet nur eines: Stillstand.

- *Zu wenig Lob und Wertschätzung:* Wenn Mitarbeiter keine konstruktive Kritik erhalten (und damit ist auch Lob gemeint), sondern nur an ihnen herumgemäkelt wird, mindert das ihr Selbstwertgefühl ebenso wie ihre Motivation. Sie könnten durchaus das Gefühl entwickeln, dass sie scheinbar gar nichts können.

- *Fehlendes Vertrauen:* Je weniger eine Führungskraft die Stärken der Mitarbeiter kennt, desto weniger kann sie ihnen vertrauen und sicher sein, dass alles gut läuft.

So kommt doch niemand in Tanzlaune! Doch wie kann man diese Missstände abschaffen, die alle aus dem Takt bringen? Ergreifen Sie die Initiative! Einer meiner Lieblingssprüche ist: »Raus aus dem Quark!« Ich bin der festen Überzeugung, dass wir uns den Erfolg selbst holen können. Es liegt an Ihnen, ob Sie erfolgreich werden. Es liegt ausschließlich an Ihnen, ob Sie Ihrem Chef mitteilen, dass Sie gerne Karriere machen möchten. Es liegt ausschließlich an Ihnen, ob Sie von Ihrem Chef positiv wahrgenommen werden und er ihr Potenzial erkennen kann. Und es liegt ausschließlich an Ihnen, ob Sie Ihren Chef führen können, wenn er es nicht tut.

So toll viele Chefs auch sind, sie können nicht hellsehen und Ihnen die Wünsche von den Lippen ablesen. Selbstverständlich bin ich Realistin und weiß, dass sich nicht alle Chefs führen lassen. Aber einen Versuch ist es wert. Dabei gibt es nur zwei Möglichkeiten: Entweder Sie akzeptieren das und arbeiten unter den gegebenen Bedingungen weiter, oder Sie verändern etwas. Da wir andere Menschen nicht ändern können, können wir lediglich unsere Einstellung zu ihnen verändern oder uns einen neuen Tanzpartner suchen.

Doch wenn Sie tanzen, dann können Sie auch führen. Denn Sie sind mitverantwortlich für die gelungene Zusammenarbeit. Wie beim Tanzen müssen beide Tanzpartner für ein gutes Miteinander sorgen, damit es ein entspannter Tanz wird und nicht beide Seiten schwerfällig den Partner in eine andere Richtung drücken oder schieben müssen. Gemeinsam geht es doch viel leichter! Wenn Sie also sehen, dass Ihre Führungskraft das Rhythmusgefühl verliert, müssen Sie eingreifen. Auch ein Vorgesetzter kann nicht immer alles überblicken und hat »blinde Flecken«. Hier kommen Sie als Mitarbeiter ins Spiel, denn »eckt« die Führungskraft an, tun Sie es in der Regel auch.

Wenn Sie Ihren Chef ergänzend und taktvoll führen wollen, sollten Sie ihn besser kennen lernen. Welche Probleme hat er eigentlich in seiner Position? Unter welchem Druck steht er? Wie könnten Sie ihm das Leben leichter machen? Denken Sie mal aus seiner Perspektive heraus und Sie werden feststellen, dass auch er es nicht immer leicht hat. Indem Sie sich in die Gedanken- und Gefühlswelt Ihres Chefs hineinversetzen, können Sie ihn besser unterstützen und durchaus auch besser lenken, zum Beispiel wenn Sie Entscheidungsvorlagen vorbereiten. Bleiben Sie also neugierig und aufmerksam, gehen Sie mit offenen Augen durchs (Arbeits-)Leben: Was gibt es Neues? Was können Sie noch lernen? Worin können Sie sich verbessern?

Viele Führungskräfte können nicht tanzen, und schon gar nicht führen!

Mein Chef ist nicht faul. Er ist »wohlfühlorientiert«!

So ist es beim Tanzen
Es ist immer das gleiche Prozedere: Jemand fordert Sie zum Tanzen auf, Sie nehmen höflich an, gehen auf die Tanzfläche und nehmen Ihre Position ein. Schon jetzt lassen Sie Ihren Tanzpartner recht nah an sich heran, näher als normal. Nun folgt die Phase des Aneinandergewöhnens: Wie bewegt sich der Tanzpartner? Hat er ein gutes Rhythmusgefühl? Kann er führen? Sie stellen sich allmählich auf ihn ein, passen Ihre Bewegungen an seine an und umgekehrt. Je besser Sie zusammenpassen, desto besser können Sie miteinander tanzen. Oft ist es ein Heidenspaß, doch bei so manchem Tanzpartner sind Sie froh, wenn der Song vorüber ist, und ziehen sich zurück, um Ihre geschundenen Zehen oder andere Blessuren zu versorgen und Schlimmeres zu vermeiden.

So ist es im Job
Nichts anderes passiert im Job: Sie fangen bei einer neuen Arbeitsstelle an oder es gibt einen Führungswechsel in Ihrem Unternehmen. In beiden Fällen bekommen Sie einen neuen Boss; sonderlich viel Einfluss auf die Auswahl Ihres neuen Tanzpartners haben Sie allerdings meist nicht. Wichtig ist nun in der Anfangszeit: Sie lernen Ihren Chef kennen, sehen wie er arbeitet, wie er »tickt«, welche Erwartungen und Fähigkeiten er hat und welchen Führungs- und Arbeitsstil er bevorzugt. Und Sie passen sich ihm gegebenenfalls an. Das hat nichts mit Unterordnung zu tun, sondern vielmehr mit Synchronisation. Sie finden heraus, wie Sie beide am besten zusammenarbeiten können und erkennen mögliche Stolperfallen frühzeitig. Mit manchen Chefs tanzt es sich leicht und beschwingt, da ist Zusammenarbeit ein Kinderspiel. Mit anderen tun Sie sich schwerer, treten sich öfter gegenseitig auf die Zehen. Da ist ein Ende mit Schrecken manchmal besser als ein Schrecken ohne Ende.

Führen will gelernt sein

Warum können so wenige Führungskräfte gut führen? »Was interessiert mich das?«, fragen Sie sich jetzt vielleicht. Klar, Sie sind schließlich nicht in der Führungsposition, Sie sind Mitarbeiter. Doch ich finde es durchaus sinnvoll, sich auch einmal in die Situation des (neuen) Chefs hineinzuversetzen. Von Führungskräften wird heutzutage jede Menge erwartet: Sie sollen fachlich versiert sein, das Unternehmen voranbringen, ihre Mitarbeiter souverän führen und vieles mehr. Was auch gern übersehen wird: Nicht wenige Manager haben selbst Vorgesetzte und müssen irgendwie diesen Spagat zwischen der Führungs- und der Mitarbeiterrolle schaffen. So mancher Boss ist auch gerade erst in die Chefrolle »hineinbefördert« worden und muss sich erst einmal hineinfinden und orientieren. Sie sehen also: Ihr Boss ist auch nur ein Mensch. Woher nehmen Vorgesetzte eigentlich das Wissen, Mitarbeiter »richtig« zu führen? Zugegeben, viele halten einfach an ihrem theoretischen Wissen fest, das sie sich im Crashkurs für Führungskräfte angeeignet oder vor zig Jahren an der Uni aufgeschnappt haben – und wundern sich, warum sie mit Schema F bei den Mitarbeitern nicht weiterkommen. Für andere sind Mitarbeiterführung und Mitarbeitermotivation Fremdworte und sie haben auch keinerlei Interesse daran. So kann man nicht miteinander tanzen. Manchmal frage ich mich aber auch: Wissen die Beteiligten überhaupt, welchen Tanz sie da gerade tanzen? Nicht selten kommt es vor, dass völlig verschiedene Tänze getanzt werden und es keiner merkt. Die Partner wundern sich nur insgeheim darüber, dass ihre Zusammenarbeit einfach nicht klappen will, und geben gern pauschal dem Gegenüber die Alleinschuld an der Misere. Das kann übrigens auf allen Hierarchieebenen passieren. Also, Augen auf beim Tanzen!

Da stellt sich doch die Frage: Wo stecken sie bloß, die Chefs, die ihre Mitarbeiter begeistern können? Diejenigen, die echte Fans haben? Es gibt sie, ich weiß es aus Erfahrung. Und Sie selbst können viel dafür tun, damit Ihr Chef ein noch besserer Chef wird. Helfen Sie ihm dabei, indem Sie auch einmal die Führung übernehmen, wenn es sein muss! Mit einer positiven Grundhaltung tanzt es sich leichter. Die Wissenschaft der positiven Psychologie beruht auf einer ressourcen- und stärkenorientierten Grundlage im Gegensatz zur klassischen Psychologie, die überwiegend problemorientiert ist. Was bedeutet das? Im Klartext: Jeder Mensch wird so angenommen, wie er ist. Es geht darum, die guten Seiten zu erkennen, zu nutzen und zu fördern. Also Stärken stärken, statt nach Fehlern und Problemen zu suchen.

Siegfried Brockert, einer der führenden deutschen Experten in diesem Fach, sagte mir im Interview: »Psychologen – genauso aber Führungskräfte – sehen es als ihre Pflicht an, dort einzugreifen, wo etwas schiefläuft. Das ist gut und richtig, das wird immer so bleiben! Die Positive Psychologie erweitert das Spektrum der Führungsaufgaben. Der Blick richtet sich nicht mehr primär auf Fehler, Mängel und Schwächen, sondern auf die Dinge, die gut laufen.« Das lässt sich aber genauso auf die Mitarbeiter übertragen, wie Sie gleich sehen werden. Denn die Positive Psychologie kennzeichnet allgemein eine andere Art, wie wir mit uns selbst und mit anderen Menschen umgehen. Laut Brockert findet die Positive Psychologie mittlerweile durchaus Einzug in die Unternehmen. Das lässt hoffen, doch selbst wenn es bei Ihnen noch nicht so sein sollte: Gehen Sie mit gutem Beispiel voran und erkennen das Positive in Situationen oder Menschen. Und vor allen Dingen: Sprechen Sie diese an und erwähnen Sie das, was gut ist. Bedanken Sie sich zum Beispiel bei Ihrem Chef, dass er sich immer wieder für Ihre Abteilung einsetzt oder er sich jedes Jahr um eine Weiterbildung für Sie bemüht. Irgendetwas Positives ist immer zu finden. Praktisch umgesetzt funktioniert die Positive Psychologie am besten, wenn alle Teammitglieder sich darauf verpflichten, sich beim Umgang miteinander auf das Gute, das Positive zu konzentrieren, statt auf Fehler, Mängel und Schwächen. Menschen an ihren guten Seiten zu »packen«, fördert die Gemeinschaft und somit auch die Lebensfreude. Das gilt übrigens nicht nur im Arbeitsleben, sondern auch im privaten Bereich.

Doch was machen Sie, wenn in Ihrem Unternehmen nach wie vor auf Fehler und Schwächen fokussiert wird? Können Sie überhaupt einen Wandel herbeiführen oder müssen Sie notfalls den Tanzpartner wechseln? Das sind berechtigte Fragen. Ich persönlich habe schon oft festgestellt, dass es von Vorteil ist, Dinge anzusprechen, die für mich nicht gut sind oder mich stören. Zugegeben, es ist nicht immer einfach und erfordert viel Mut, insbesondere wenn es sich dabei um Ihren Vorgesetzten handelt. Doch wenn man sich erst mal überwunden hat, zahlt es sich im Nachhinein oft aus. Manchmal erntet man sogar eine gewisse Anerkennung von anderen, gerade weil man so offen und mutig mit einem Problem umgegangen ist. Vielleicht ist Ihr Chef oder Kollege sogar in gewisser Weise dankbar, dass Sie ein Problem angesprochen haben, weil er es selbst ebenfalls als unangenehm empfunden hat, aber nicht wusste, wie er damit umgehen sollte. Vergessen Sie nicht: Ihr Chef ist auch nur ein Mensch! Selbst wenn sich an dem Verhalten Ihres Gegenübers nichts ändern sollte, so fühlen Sie sich zumindest besser, weil Sie etwas getan haben und aktiv wurden. Und das kriegt der andere mit.

Auch wenn in Ihrem Unternehmen der Fokus (noch) auf Fehlern, Schwächen und Mängeln liegt, gibt es für Sie persönlich genügend Möglichkeiten, im Arbeitsalltag Positive Psychologie anzuwenden. Wer weiß, vielleicht führen Sie dadurch einen Sinneswandel in Ihrer Firma herbei? Denken Sie immer daran: Sie allein sind für Ihre Zufriedenheit verantwortlich. Sie bestimmen, ob Sie das Verhalten Ihnen gegenüber oder die Situation, in der Sie sich befinden, weiterhin tolerieren oder etwas dagegen unternehmen. Einen Versuch ist es zumindest wert, oder? Gehen Sie mit gutem Beispiel voran, seien Sie Vorbild – Sie werden merken, ob früher oder später, dass sich dieses Verhalten auszahlt. Behandeln Sie Ihre Mitmenschen freundlich, grüßen Sie die Kollegen, lächeln Sie auf dem Flur, wenn Sie jemanden grüßen. Und seien Sie nicht frustriert, wenn es anderen nicht so leicht fällt wie Ihnen. Mit der Zeit werden Sie feststellen, dass Sie immer wieder mit einem »Gegenlächeln« belohnt werden. Und das tut richtig gut! Wenn Sie nie miteinbezogen, schlecht behandelt oder von Ihrem Chef übersehen werden, sind Frustration und in der Folge Dienst nach Vorschrift keine Seltenheit. Aber das alles ist passiv, Sie ziehen sich schmollend auf das Jammersofa zurück und konzentrieren sich ausschließlich auf das Negative. Besser: Tun Sie etwas dagegen! Werden Sie aktiv, suchen Sie nach Chancen, entdecken Sie Potenziale. Sie können Umstände und Entscheidungen positiv lenken und leiten – zumindest in einem gewissen Rahmen.

Ich möchte Ihnen bewusst ein Beispiel aus der außerberuflichen Praxis vorstellen: An einer Schule in meiner Heimatstadt Bargteheide

(Anne-Frank-Schule) gibt es seit 2005 ein großartiges Projekt: das sogenannte Stärkenseminar, welches regelmäßig mit allen Schülerinnen und Schülern des siebten Jahrgangs durchgeführt wird. Dabei geht es ausschließlich darum, die Persönlichkeits- und Sozialkompetenzen der Schüler zu entdecken, losgelöst vom schulischen Alltag. Der Blick richtet sich nur auf die Stärken und nicht auf die Schwächen! Diese positive Erfahrung wirkt sich sehr motivationsfördernd auf die individuelle Entwicklung der Schülerinnen und Schüler aus, und zwar im schulischen und persönlichen, nachhaltig aber auch im beruflichen Bereich.

Ich wünschte mir, diese Seminarform käme in sämtlichen Unternehmen und Institutionen zur Anwendung. Das ist gelebte Positive Psychologie! Und gerade »im Kleinen« können Sie so viel mehr erreichen, als Sie denken. Fangen Sie bei Ihrem Partner oder in Ihrem Umfeld an: Sagen Sie ihnen mal ausschließlich nur nette Dinge. Loben Sie und streichen Sie Negatives aus Ihrem Repertoire. Das bewirkt wahre Wunder! Aber bitte nicht falsch verstehen: Es soll künftig auch nichts unter den Teppich gekehrt werden und Negatives soll nicht unter dem Deckmantel der Positivität weiter schwelen und nach und nach die Luft vergiften. Konstruktive, aber wertschätzende Kritik ist das Ziel. Auch wenn es am Anfang schwer fällt.

Die Ja-aber-Technik

Leichter gesagt als getan. Oftmals sehen wir das Gute und das Positive vor lauter Negativem nicht. Selektive Wahrnehmung nennt man das auch. Wir nehmen nur das wahr, was uns stört, zum Beispiel am Vorgesetzten. Doch selbst der schlechteste Chef der Welt wird gute Seiten und positive Eigenschaften haben, da bin ich mir sicher. Manchmal muss man einfach ein bisschen länger suchen und genauer hinschauen. Hierfür gibt es eine wunderbare Übung, die ich von meiner Freundin, der bekannten Management-Trainerin Sabine Asgodom, gelernt habe: die Ja-aber-Technik, die auf den Erkenntnissen der Positiven Psychologie beruht. Sinn des Ganzen ist es, dass Sie auf diese Weise lernen können, Ihre Aufmerksamkeit auf die positiven Seiten einer Person zu lenken.

Hier ein paar Beispiele:

- Ja, meine Chefin wird ab und zu laut, aber sie hat wirklich ein feines Gespür, wenn es um wirkliche Probleme geht.
- Ja, mein Chef bevorzugt immer meinen Kollegen, aber er ist letztlich ein sehr guter Kämpfer für die gesamte Abteilung.
- Ja, mein Chef ist ein Pedant und extrem kleinlich, aber dadurch auch ein großes Vorbild an Professionalität.

Mit der Ja-aber-Technik haben Sie vor allem die Chance, sich selbst vom Jammersofa zu schubsen. Denn wenn Sie erst einmal die positiven Dinge wiederentdeckt haben, fallen Ihnen eher neue Lösungsansätze für Ihre Probleme ein. Es hat keinen Sinn zu warten, bis sich die (Arbeits-)Welt von selbst verändert (das kann dauern!). Sie müssen aktiv werden. »Nicht warten, sondern starten!«, sage ich nur.

Bringen Sie also Ihrem Boss Lob und Wertschätzung entgegen. Machen Sie sich auf die Suche nach seinen guten Seiten, seinen positiven Eigenschaften und lobenswerten Verhaltensweisen. Wenn Sie Ihren Fokus vom Negativen auf das Positive lenken, werden Sie womöglich erstaunt feststellen, dass Ihr Boss viel toller ist, als Ihnen bisher bewusst war. Bewahren Sie diese Boss-Eigenschaften-Liste für Ihr nächstes Mitarbeitergespräch auf, denn sie bietet eine gute Gesprächsbasis. Sagen Sie Ihrem Chef, was gut läuft, was Ihnen guttut und was Ihnen gefällt, worauf Sie stolz sind und was Sie mögen. Bedanken Sie sich ruhig auch für das Positive, das Ihre Führungskraft seit dem letzten Gespräch (für Sie oder im Allgemeinen) getan hat. Bleiben Sie jedoch sachlich. Es sollte nicht in eine Liebeserklärung oder übermäßige Lobhudelei ausarten.

Wer führt Sie eigentlich?

Wenn ich mich hinstelle und behaupte, viele Führungskräfte könnten nicht richtig führen, ist das ja erst einmal mein rein subjektives Empfinden. Natürlich hat mich die Frage beschäftigt, wie »gute Führung« denn nun funktioniert. An dieser Stelle möchte ich gerne meinen Kollegen Dr. Tobias Haupt ins Spiel bringen, da er mit einer wunderbaren Methode arbeitet, mit der Führungskräfte ihre Mitarbeiter souverän über das Parkett begleiten können, sodass diese sich tatsächlich wie eine Dancing-Queen oder ein Dancing-King fühlen können. Er verwendet dazu das bekannte Harvard-Konzept von Fisher und Ury.

Das Grundprinzip dieses Modells ist schon seit längerer Zeit im Einsatz und findet in unterschiedlichen Themenbereichen Anwendung. Ursprünglich wurde es an der Harvard-Universität entwickelt und konzipiert, allerdings diente es vordergründig für erfolgreiche Verhandlungsstrategien mit zielführendem Charakter. Doch mit diesem Modell kann man auch wunderbar Führungsstile analysieren und sogar verbessern, weil es einen sehr guten, schnellen und einfachen Überblick bietet. Seine Anwendung ermöglicht gleichzeitig die Generierung verblüffender hilfreicher Impulse. Das Harvard-Konzept wird immer dann eingesetzt, wenn es um zwischenmenschlichen Umgang geht. Ob Verhandlungssituationen, privater Beziehungskontext, Führung, Kindererziehung oder Mitarbeitermotivation – überall stiftet das Harvard-Konzept praktischen Nutzen.

Wenn es um Führung geht, dann geht es um Menschen. Führungsverhalten setzt also einen entsprechenden zwischenmenschlichen Umgang voraus. Und genau hier greift das Harvard-Konzept, in welchem zwei separat zu betrachtende Ebenen relevant sind: die persönliche Ebene, also die Wertschätzung der anderen Person gegenüber sowie die Sachebene, das bedeutet die Zielerreichung auf der sachlichen Dimension, um die es den involvierten Personen geht. Grafisch darstellen lässt sich diese Betrachtungsweise mithilfe eines Koordinatensystems mit x- und y-Achse, auf der man diese beiden Dimensionen getrennt voneinander betrachten kann. Das Harvard-Konzept hat diese Sichtweise weiterentwickelt und so noch praktischer und nützlicher konzipiert. Die wesentlichen Führungsstile sind in einer Vier-Felder-Matrix skizziert. Auf der y-Achse ist die persönliche Ebene, also die Wertschätzung der Person – man kann es alternativ auch Mitarbeiterorientierung nennen – verankert und auf der x-Achse die sachliche und ergebnisorientierte Ebene, die den Härte-/Verbindlichkeitsgrad insgesamt als betriebswirtschaftlichen und psychologischen Bereich darstellt.

Ein Führungskräfte-Coaching, das auf eine Erreichung eines idealen Führungsstils abzielt, ist laut Dr. Tobias Haupt aktiv praktizierte »Führungspersönlichkeitsentwicklung«. Er stellt fest, dass wie so oft im psychologischen Bereich dies weitaus leichter gesagt als getan ist, da es den Coachees oftmals an beispielhaften, als Vorbild dienenden Rollenmodellen fehlt. Das heißt, es gibt nur relativ wenige Führungskräfte und Personen des öffentlichen Lebens, die selbst im Sinne des Harvard-Konzepts vorbildlich mit Menschen umgehen. Dadurch ist der ideale Führungsstil selbst bei hochqualifizierten Führungskräften noch wenig verbreitet.

Die vier Felder der Matrix in Abbildung 3 (nächste Seite) bilden die vier häufigsten Führungsstile nach dem Harvard-Konzept ab:

- *Vernachlässigter Stil*: Die Führungskraft lässt den Dingen ihren Lauf. Dabei verhält sie sich neutral und übernimmt kaum Verantwortung. Entscheidungen werden verschleppt oder ausgesessen. Die Führungskraft bleibt in Deckung und bemüht sich darum, ihr Nichtstun möglichst gut zu tarnen.

- *Autoritärer Stil*: Im Mittelpunkt der Führungstätigkeit steht die kompromisslose Erreichung aller Sachziele. Die Mitarbeiter sind nur Mittel zum Zweck, die funktionieren müssen. Die Mitarbeiterzufriedenheit wird vernachlässigt.

- *Antiautoritärer Stil*: Die gute Beziehung zu den Mitarbeitern steht an erster Stelle. Die Führungskraft versucht daher, auf alle Mitarbeiterbelange einzugehen und harmonische Arbeitsbeziehungen unbedingt zu erhalten. Konflikten und deren Lösung geht die Führungskraft daher aus dem Weg.

- *Autoritativer Stil*: Das ist der vom Modell implizierte Idealstil. Mitarbeiter- und Ergebnisorientierung werden auf hohem Niveau nachhaltig miteinander verknüpft. Die Führungskraft fordert und fördert ihre Mitarbeiter und spornt sie zu Höchstleistungen an. Dabei schafft die Führungskraft ein Klima, in dem sich jeder persönlich geschätzt und für die Erreichung der gemeinsamen Ziele verantwortlich fühlt.

In welchem Quadranten können Sie ein Kreuz für Ihre Führungskraft zeichnen? Wenn Sie sich Ihre Führungskraft in ein anderes Feld wünschen, dann führen Sie ihn mithilfe der acht Tanzschritte aus Kapitel 2 taktvoll dorthin.

Abbildung 3: Führungsstile nach dem Harvard-Konzept

Diese vier Führungsstilkategorien sind aber nicht trennscharf, wie so oft. Jeder Boss ist anders, aber für eine grobe Einordnung eignen sich diese unterschiedlichen Führungsstile schon. Letztlich sind sie eben doch theoretische Umschreibungen und dementsprechend verallgemeinernd. Heutzutage werden Führungskräfte in fortschrittlichen und modernen Unternehmen intern ausgebildet und entsprechend der gewünschten Kompetenzen geschult. »Leadership Development« oder »Executive Academy« nennt sich das dann. Hier wird ausgebildet, was benötigt wird und was gewünscht ist. Das ist aber auch erst einmal alles theoretisch. In die Praxis umsetzen muss es die Führungskraft dann schon noch selbst. Die Verantwortungsbewussten nehmen das Gelernte auf und setzen es im Alltagsgeschäft ein, die Ignoranten sparen sich das.

Sechs Chef-Tanz-Typen und wie Sie mit ihnen tanzen

Früher habe ich die Zusammenarbeit mit meinem Chef augenzwinkernd als »betreutes Arbeiten« bezeichnet. Und ich finde, da ist durchaus etwas dran, denn die hohe Kunst eines Dienstleisters ist immer die maßgeschneiderte »Behandlung« der Führungskraft. Führen ist so leicht wie tanzen, wenn beide die Schritte beherrschen. Wenn also ein Mitarbeiter nicht darauf achtet, welchen Tanz der Vorgesetzte tanzt, kann es ordentlich drunter und drüber gehen auf der Tanzfläche. Doch auch der Mitarbeiter darf entscheiden, welchen Tanz er gerne tanzt und welchen nicht. Und wenn beide gut miteinander zurechtkommen, darf der Mitarbeiter durchaus auch einmal die Führung übernehmen, wenn er merkt, dass der Boss Gefahr läuft, gegen den Pfeiler zu tanzen. Denn selbst eine Führungskraft kann nicht immer den Überblick behalten.

Tanzen, das sind rhythmische Körperbewegungen zu Musik oder anderen Rhythmen. Es gibt dabei kein Richtig oder Falsch, das heißt, jeder kann tanzen. Es gibt also viele Arten: große Bewegungen oder kleine, hüpfend oder stehend, ruhig oder aggressiv, wackelnd oder wogend. Das Witzige ist: Diese Spannbreite findet sich analog auch in Unternehmen bei Führungskräften und Mitarbeitern wieder, wenn es um das Thema Zusammenarbeit geht, und auch hier ist sprichwörtlich von der »gleichen Wellenlänge« die Rede, wenn man mit jemandem gut klarkommt. Dabei geht es weder beim Tanzen noch beim Arbeiten um eine hundertprozentig perfekte Synchronisierung. Es gibt Paare, die fantastisch miteinander tanzen können, obwohl sie völlig verschiedene Schritte, ja sogar Tänze tanzen. Völlig egal, wie es aussieht: Hauptsache, es ist effektiv und macht Spaß! Gut, bei den meisten Tänzen wurden tatsächlich bestimmte Regeln festgelegt, wie die Bewegungen abzulaufen haben, was ja durchaus seine Berechtigung hat. Aber es geht in diesem Buch ja nicht ums professionelle Tanzen mit Wertungsnoten.

Als Mitarbeiter müssen Sie sich zunächst auf Ihre Führungskraft einstellen, was manchmal eine große Herausforderung ist, denn es ist nicht besonders leicht, einen lockeren Salsa mit dem Boss zu tanzen, wenn Sie selbst den eleganten Slowfox bevorzugen oder umgekehrt. Da fangen meist die Probleme und Reibereien an, denn es gilt die alte Regel: »Ober sticht Unter«. Das bedeutet nichts anderes, als dass Sie sich als Mitarbeiter auf den Arbeitsstil Ihrer Führungskraft einstellen müssen. Ich weiß aus eigener Erfahrung, wie schwer das sein kann. Mit einigen Chefs tanzt es sich leicht und bringt richtig Spaß – mit anderen ist es die reinste Hölle!

Für die Entwicklung der Chef-Tanz-Typen habe ich mit Berufstänzern gesprochen. Zum einen mit Frederike Kramper von der Tanzschule Frieda aus Bargteheide bei Hamburg sowie mit dem sehr erfolgreichen Tanzpaar Sylvia und Michael Heinen aus Stuttgart. Sie haben mich tatkräftig unterstützt, was das Fachwissen über die einzelnen Tänze angeht, und ich habe meine Erfahrungen aus der Wirtschaft damit verglichen. Auf diese Weise habe ich sechs Chef-Tanz-Typen identifiziert.

Nicht falsch verstehen: Selbstverständlich bezieht sich das nicht auf die beschriebenen Tänze an sich, sondern ausschließlich auf die Arbeitsstile der Führungskräfte. Meine Einteilung stellt keineswegs eine Auf- oder Abwertung der Tänze dar! Ebenso wenig handelt es sich hierbei um eine wissenschaftliche Auswertung, sondern um eine Betrachtung typischer Eigenschaften von Vorgesetzten, die eine gewisse Ähnlichkeit mit bestimmten Tänzen haben, wie mir aufgefallen ist.

Die drei besten Chef-Tanz-Typen

Aber hallo: Der Salsa-Typ ist der feurige Motivations-Chef – beweglich und professionell

> **So ist der Salsa**
> Der Salsa zählt zu den lateinamerikanischen Tänzen und kommt ursprünglich aus Nord- und Mittelamerika, ist jedoch in New York von vielen unterschiedlichen Nationalitäten zu einer »Soße«, also zu einer »Salsa« vermengt worden. Die Dame wird viel gedreht, bei verschiedenen Handhaltungen. Es werden viele Wickelfiguren getanzt, es darf jedoch auch improvisiert werden. Die Musik geht ins Blut, es wird direkt aus der Hüfte getanzt und es kommt oft zu engem Körperkontakt.

Der stürmische Salsa-Typ liebt das (Arbeits-)Leben und reißt seine Mitarbeiter geradezu mit. Er beherrscht sein Handwerk im Schlaf. Er empfindet tiefe Leidenschaft für seine Arbeit und hat großen Spaß daran. Er ist sehr beweglich in seinem Denken und offen für Veränderungen. Er ist interessant, interessiert und äußerst vielseitig. Er besitzt viel Gefühl, vor allem Fingerspitzengefühl. Er animiert seine Mitarbeiter allein durch seine Art und macht ihnen Lust aufs gemeinsame Arbeiten. Er tauscht sich viel mit seinen Mitarbeitern aus und lässt sie durchaus auch mal machen. Er kann auf Dauer allerdings auch ein bisschen anstrengend werden, da er viel verlangt und einen ganz schön schwindelig machen kann. Nicht jeder hat diese Kondition und das Tempo, sodass trotz aller Motivation die Überforderung hier zum Leidensdruck werden könnte.

Wow: Der Slowfox-Typ ist der elegante Könner-Chef – sicher und gelassen

So ist der Slowfox
Der Slowfox ist ein traditioneller englischer Standardtanz, der ursprünglich in den USA entstanden ist. Man benötigt viel Gefühl für das richtige Timing beim Wechsel von schnell zu langsam. Der Slowfox weist sehr fließende und raumgreifende Bewegungen auf, er ist sehr elegant und wird fast schwebend getanzt. Daher ist eine sehr ruhige und angespannte Körperhaltung nötig.

Der Slowfox-Typ ist sehr souverän. Er respektiert seine Mitarbeiter, egal auf welcher Ebene. Er selbst kennt sein Handwerk aus dem Effeff und weiß genau, wovon er redet. Er ist in der Lage, sich stets an das Tempo seiner Mitarbeiter anzupassen. Er ist akkurat bis penibel, man darf also nicht allzu sehr von seinen Vorgaben abweichen. Der Slowfox-Chef erreicht in der Regel alle seine Ziele und genießt seitens der Mitarbeiter hohen Respekt. Er hat es nicht nötig, sich zu profilieren oder zu produzieren. Für ihn arbeitet man gern! Er könnte jedoch so manches Mal leicht arrogant wirken, da er im Gegensatz zu vielen Hektikern ziemlich entspannt ist.

Klasse: Der Discofox-Typ ist der lockere Kumpel-Chef – pragmatisch und kooperativ

> **So ist der Discofox**
> Der Discofox ist ein Mischmasch-Tanz, der ursprünglich aus dem europäischen Ansatz des Foxtrotts und dem amerikanischen Hustle entstanden ist. Er gilt als Wald-und-Wiesen-Tanz, der irgendwie immer zu passen scheint. Der Discofox besitzt neben den Grundschritten viele Drehungen und Wickelfiguren-Verrenkungen, die teilweise geradezu akrobatisch sind.

Mit dem Discofox-Typ tanzen die meisten gern, denn er ist absolut unkompliziert und es macht einfach Spaß; er ist halt wie der beste Kumpel. Man muss kein ausgewiesener Kommunikationsexperte sein, um mit ihm zu arbeiten. Er bietet seinen Mitarbeitern viel Freiheit, ist wachsam und kommunikativ. Er passt sich neuen Herausforderungen an, ist kreativ und bodenständig. Der kumpelhafte Discofox-Typ möchte, dass ihn alle Mitarbeiter mögen. Er bevorzugt ein lockeres Miteinander und will, dass sich alle gegenseitig duzen. Er entwickelt allerdings auch kaum eigene Standards, ist etwas stumpf und »verheddert« sich hin und wieder vor lauter Übermut und Spaß an der Sache. Manchmal ist es auch schwierig, die Grenze zwischen Kumpel und Vorgesetztem einzuhalten.

Die drei anstrengendsten Chef-Tanz-Typen

Ohne Worte: Der Freestyle-Typ ist der unberechenbare Spontan-Chef – chaotisch und unstrukturiert

> **So ist der Freestyle**
> Beim Freestyle gibt es keine Regeln. Erlaubt ist, was gefällt. Es gibt kein System und keine Struktur. Einige Menschen tanzen sehr ausladend, an-

dere stehen mehr auf Head-Banging. Wieder andere beanspruchen sehr wenig Raum und tanzen ihren eigenen Stil. Jeder kann sich so zur Musik bewegen, wie er es gerne möchte. Dieser Tanzstil eignet sich demnach nicht unbedingt für den Paartanz – obwohl ich auch Paare kenne, die zusammen mit Tanzhaltung tanzen, aber jeder eigene Schritte tanzt. Funktioniert also doch irgendwie ...

Alle Mann in Deckung, wenn der Freestyle-Typ erst einmal loslegt! Dieser Chef-Tanz-Typ ist unberechenbar und daher schwer einzuschätzen. Entscheidungen trifft er zwar blitzschnell, er grübelt also nicht lange über adäquate Lösungen nach und wägt wochenlang ab, sondern ist ein echter Macher. Doch er entscheidet heute so und morgen so. Immer anders, sehr spontan. Er ist schnell von seinen eigenen Ideen begeistert, doch es ist auch viel heiße Luft dabei und es verpufft sehr viel. Außerdem kann er nicht zielgerichtet delegieren. Sein Motto lautet: Geht nicht gibt's nicht. So unfassbar das auch scheinen mag: Er hat doch einen gewissen Stil.

Um Gottes Willen: Der Paso-Doble-Typ ist der dramatische Choleriker-Chef – angespannt und polternd

> **So ist der Paso Doble**
> Der Paso Doble zählt zu den lateinamerikanischen Tänzen und ist sehr anspruchsvoll. Er steht symbolisch für einen Stierkampf: Er ist der selbstbewusste Stierkämpfer, sie ist Flamenco-Tänzerin, die er umwirbt. Zum Paso Doble gehören eine sehr starke Körperspannung und ein starker Körperausdruck. Jede Tanzfolge lädt sich auf, erzeugt einen Spannungsbogen, der sich plötzlich und zackig entlädt. Die Tänzer lassen ihr Körpergewicht in einem bestimmten Moment auf einen Fuß fallen und marschieren danach geradezu durch den Saal. Dieser Tanz nimmt viel Raum ein und er benötigt jede Menge Training.

Der Paso-Doble-Typ ist Dramatik pur! Ungestüme Kräfte brechen los, extreme Stimmungsschwankungen sind keine Seltenheit. Dieser Chef-Tanz-Typ strotzt nur so vor Selbstbewusstsein und ist schwer einzuschätzen. Die Mitarbeiter wissen nie genau, woran sie bei ihm sind. Er kann plötzlich sehr aufbrausend, unangenehm, laut und aggressiv sein. Bei den Mitarbeitern ist er regelrecht gefürchtet, da er leicht reizbar ist und schnell ausflippt. Seine Spannung baut sich immer mehr auf und entlädt sich plötzlich und unerwartet. Er ist zudem Perfektionist. Es muss alles eine ganz klare Ordnung haben. Er ist sehr fleißig, ehrgeizig, fast getrieben und geht forschen Schrittes voran. Manchmal kommt man kaum hinterher. Er (beziehungsweise sein Ego) beansprucht sehr viel Raum. Allerdings lebt er sein Temperament auch voll aus, ist stolz, strahlt, ist erfolgreich, denkt groß, ist entschlossen, stark und schafft viel.

Oh je: Der Blues-Typ ist der tiefenentspannte Luschen-Chef – einfallslos, langweilig bis leidend

So ist der Blues
Langsam, langsamer, Blues. Sehr eng aneinandergeschmiegt bewegt man sich von einem Fuß auf den anderen und dreht sich dabei in Zeitlupe im Kreis. Man benötigt nur sehr wenig Raum. Den Blues kann wirklich jeder tanzen.

Der Blues-Typ ist eine richtige Lusche. Er kommt nicht aus dem Quark und wirkt lethargisch und unsicher. Er scheut Konflikte und es fällt ihm sehr schwer, Entscheidungen zu treffen. Er lässt seinen Mitarbeitern zu viel Raum, da er keine Grenzen aufzeigt. So manches Mal fällt ihm ein, wie schwer er es doch hat und er lässt depressiv den Kopf hängen. Er mag keine Verantwortung und hält sich daher oft krampfhaft an Paragrafen und Vorgaben fest. Bei ihm besteht für die Mitarbeiter eher die Gefahr eines Bore-outs statt eines Burn-outs. Dafür überfordert er seine Mitarbeiter nicht und gibt wenig Druck. Hier steckt das größte Potenzial der Führung durch Mitarbeiter. Aber dazu später mehr.

Machen Sie den Chef-Tanz-Typen-Test!

So, jetzt aber »Butter bei die Fische«. Welcher Typ ist *Ihr* Chef? Wie immer gibt es in der Realität natürlich keine eindeutigen Kategorien, sondern Mischtypen. Dennoch gibt es erkennbare Tendenzen. Und genau diese können Sie hier herausfinden! Machen Sie den Chef-Tanz-Typ-Test und notieren Sie sich auf einem Blatt Papier die Buchstaben zu den Aussagen, die am ehesten auf Ihren Chef zutreffen. Am Ende sammeln Sie alle Buchstaben und erfahren, welchem Chef-Tanz-Typ Ihr Boss am ehesten entspricht. Je mehr gleiche Buchstaben zusammenkommen, desto mehr bildet sich ein eindeutiger Typ heraus.

Der Chef-Tanz-Test

Mein Chef trifft eindeutige Entscheidungen und kommuniziert diese auch.	B
Mein Chef fragt mich oft nach meiner Meinung, da er häufig sehr unsicher ist.	E
Die Zusammenarbeit mit meinem Chef ist geprägt von lockerem Umgang, guter Kommunikation und einem vertrautem Miteinander.	C
Mein Chef hält sich für Gott. Es sollte möglichst keinen anderen neben ihm geben!	D
Von meinem Chef fühle ich mich überhaupt nicht geführt.	E
Mein Chef beherrscht es, viele Fäden gleichzeitig in der Hand zu behalten, verliert niemals den Überblick oder schwächelt in irgendeiner Form.	A
Mein Chef vergreift sich schon mal im Ton.	D
Mein Chef kann nicht gut delegieren und abgeben.	F
Mein Chef verlangt viel von mir, sorgt aber auch dafür, dass es mir gut geht und ich alles habe, was ich brauche.	B
Mein Chef überfordert mich manchmal mit all seiner Power und guten Laune.	A
Ich habe großen Respekt vor meinem Chef, da er sehr ordentlich mit mir umgeht, mich in Prozesse mit einbezieht und ihm meine Meinung wichtig ist.	B

Mein Chef ist manchmal himmelhochjauchzend oder zu Tode betrübt. Er neigt zu starken Stimmungsschwankungen.	F
Mein Chef und ich verstehen uns sehr gut und gehen auch (freiwillig) mal gemeinsam zum Mittagessen.	C
Mein Chef ist voller Energie, sehr quirlig und verbreitet stets gute Laune.	A
Mein Chef übernimmt sich manchmal und hat viele Eisen im Feuer. Aber irgendwie schafft er es doch immer wieder, alles hinzukriegen.	C
Meinem Chef ist sehr wichtig, dass wir uns alle sehr gut verstehen.	C
Ich muss meinen Chef häufig an wichtige Termine und Deadlines erinnern, damit er nichts vergisst.	E
Mein Chef bekommt manchmal gar nicht mit, dass ich sein motivierendes Power-Tempo nicht halten kann.	A
Mein Chef lässt seiner schlechten Laune schon mal sehr stark freien Lauf.	D
Ich könnte meinen Chef manchmal schütteln, damit er aus »aus dem Quark« kommt.	E
Mein Chef ist überhaupt nicht einzuschätzen. Er agiert nach dem Motto »Was interessiert mich mein Geschwätz von gestern?«	F
Mein Chef ist sehr kompetent und leistet viel für das Unternehmen.	B
Manchmal habe ich Angst vor meinem Chef und denke darüber nach, die Abteilung zu wechseln oder zu kündigen.	D
Mein Chef macht überhaupt keine Pläne, sondern macht einfach.	F

Auswertung

A Der Salsa-Typ. Er ist sehr motiviert und schafft mit geballter guter Laune ein sehr hohes Arbeitspensum. Er sieht seine Arbeit nicht als Arbeit, sondern als Vergnügen. Er hat von allen Tanz-Typen etwas, was eine interessante und spannende Mischung ist!

B Der Slowfox-Typ. Er ist souverän, konsequent, fair, transparent, besitzt Fachwissen, gepaart mit einer starken sozialen Ader. Er fördert und fordert seine Mitarbeiter und ist an einem *wertschätzenden* Arbeitsklima interessiert. Er spornt sie zu Höchstleistungen an und arbeitet gemeinsam mit ihnen an der Erreichung der Unternehmensziele.

C Der Discofox-Typ. Na also, geht doch! Ein harmonieliebender, lösungsorientierter, meistens gut gelaunter Chef, dem die Mitarbeiter am Herzen liegen. Er geht auf die Belange seiner Mitarbeiter ein und hat immer ein offenes Ohr für sie.

D Der Paso-Doble-Typ. Er ist durchaus mit Vorsicht zu genießen. Er ist zu stolz für eine kooperative Führung, er ist kompromisslos und der alleinige Bestimmer. Die Mitarbeiter sind nur Mittel zum Zweck, das Wort »Mitarbeiterzufriedenheit« kommt in seinem Vokabular nicht vor.

E Der Blues-Typ. Die Schweiz in Person, verschleppt dieser Chef-Typ wichtige Entscheidungen, weil er lieber neutral ist. Er übernimmt keine Verantwortung und lässt den Dingen einfach zügellos ihren Lauf.

F Der Freestyle-Typ. Ohne Worte – dieser Chef passt in kein Raster, er ist in vielerlei Hinsicht unberechenbar. Im Positiven, wie im Negativen. Das macht die Arbeit mit ihm zeitweise zum Höllenritt.

Stellt man die Tanz-Typen nun dem Harvard-Modell aus Abbildung 3 gegenüber, kann man diese konkreten Führungsstilen zuordnen.

- Der *Freestyle-Typ* fällt aus der Wertung heraus, weil es hier so gut wie gar keinen Führungsstil gibt.
- Der *Blues-Typ* bewegt sich auf der Harvard-Konzept-Achse auf der unteren linken Ebene, was mit wenig Wertschätzung und wenig fachlicher Verbindlichkeit einen »vernachlässigten Führungsstil« bedeutet, da er sich um nichts richtig kümmert (wenig Güte – wenig Strenge).
- Den *Paso-Doble-Typ* finden wir ebenfalls auf der unteren Ebene, da er zumindest etwas mehr fachliche Verbindlichkeit verspricht, dennoch eher den »autoritären Führungsstil« verkörpert (wenig Güte – viel Strenge).
- Der *Discofox-Typ* lässt als erstes hoffen, dass es deutlich besser wird, da er im Harvard-Konzept die Wertschätzung deutlich höher hält, als die vorherigen Führungsstile. Ihn kann man dem »Antiautoritären-Führungsstil« zuordnen (viel Güte – wenig Strenge).

- Der *Slowfox-Typ* ist absolute Spitzenklasse, da er den »autoritativen Führungsstil« verkörpert. Das bedeutet hohe Wertschätzung mit hoher fachlicher Verbindlichkeit (viel Güte und viel Strenge).
- Der *Salsa-Typ* ist als typische »Soße von allem« auch genau hier anzusiedeln. Er beinhaltet von allem etwas und ist dadurch genau in der Mitte des Harvard-Konzeptes anzusiedeln, weil er von allem etwas verkörpert.

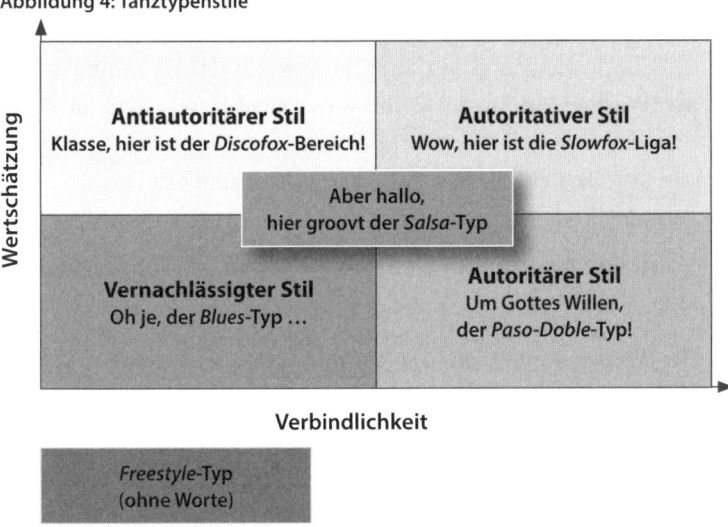

Abbildung 4: Tanztypenstile

Welchen Tanz Ihr Boss tanzt, wissen Sie jetzt. Doch welchen Tanz lieben Sie? Passen Ihre beiden Tänze überhaupt zusammen? Vielleicht wird Ihnen durch diese Form des Vergleichs erst jetzt klar, warum Sie Schwierigkeiten mit Ihrer Führungskraft haben oder in der Vergangenheit mit anderen Chefs Probleme hatten. Wenn Ihr Boss ein dramatischer Choleriker-Chef ist und stets einen Paso Doble von Ihnen fordert, Sie aber eigentlich ein hervorragender und souveräner Slowfox-Tänzer sind, sieht das nicht wirklich sexy aus.

Woran erkennen Sie, welcher Arbeits-Tanz-Typ Sie selbst sind, wenn wir davon ausgehen, dass es die oben genannten sechs Tanz-Typen gibt?

Ganz einfach. Zu welcher Tanzart fühlen Sie sich hingezogen? Wie arbeiten Sie am liebsten?

- Arbeiten Sie eher chaotisch und mit wenig Struktur, neigen Sie zum *Freestyle-Typ*.
- Haben am liebsten Ihre Ruhe und Ihr Job ist nur Mittel zum Zweck, sind Sie vielleicht ein *Blues-Typ*. Ihnen gefällt der unauffällige und neutrale Auftritt und Sie fallen am liebsten möglichst wenig auf. Sie übernehmen nicht gern Verantwortung für konkrete Aufgaben.
- Stehen Sie immer sehr unter Strom und poltern eher laut durch Ihren Arbeitstag, könnten Sie ein *Paso-Doble-Typ* sein. Sie lieben es Entscheidungen zu treffen, neigen zum Bestimmertum und kümmern sich wenig um andere. Auf der anderen Seite sind Sie stolz und selbstbewusst, schließen allerdings nicht so gerne Kompromisse.
- Arbeiten Sie eher pragmatisch und kooperativ, dann sind Sie wahrscheinlich ein *Discofox-Typ*. Mit Ihnen hat man Spaß, Sie haben meistens gute Laune und denken in Lösungen. Sie haben immer für alle ein offenes Ohr. Sie sind ein/e beliebte/r Kollege/in.
- Arbeiten Sie sehr souverän und gelassen, gehören Sie zum idealen *Slowfox-Typ*. Sie verfügen über ein hohes Maß an Bildung, Wertschätzung und Verbindlichkeit und haben eine hohe Durchsetzungskraft, die Sie konsequent, fair und transparent einsetzen.
- Arbeiten Sie sehr beweglich und professionell, dann sind Sie ein fröhlicher *Salsa-Typ*. Sie sind nicht an bestimmte Verhaltensweisen gebunden, Sie nehmen alles so, wie es kommt. Sie haben viele Talente und haben keine Schwierigkeiten sich auf neue Gegebenheiten einzustellen. Hauptsache es macht Spaß und es ist immer was los.

Und? Zu welchem Typ fühlen Sie sich hingezogen? Nicht vergessen: Immer den gleichen Tanz zu tanzen, ist ja auch langweilig. Es kann und darf eine Mischung sein. Aber eine Tendenz können Sie erkennen, oder? Ob Ihr eigener Tanz-Typ mit dem Ihres Chefs zusammenpasst und Sie harmonisch zusammenarbeiten können, sehen Sie in der folgenden Übersicht.

Abbildung 5: Wie klappt die Zusammenarbeit?

		Führungskraft					
		Free-style	Blues	Paso Doble	Disco-fox	Slow-fox	Salsa
Mitarbeiter	Free-style	☺	☹	☹	😐	☹	😐
	Blues	☹	☺	☹	☹	😐	☹
	Paso Doble	☹	☹	☺	😐	☹	☹
	Disco-fox	😐	☹	😐	☺	☺	☺
	Slow-fox	☹	😐	☹	☺	☺	😐
	Salsa	😐	☹	☹	☺	😐	☺

☺ **Sehr gut:** Hier ist alles im grünen Bereich. Besonders ähnliche Tanz-Typen können sehr gut zusammen arbeiten und haben darüber hinaus auch noch viel Spaß. Hier gilt das gleiche Tempo, die gleiche »Denke«, man versteht sich fast ohne Worte.

😐 **Geht so:** Hier sind in der Regel auch keine großen Probleme zu erwarten, da man sich sehr gut aufeinander einstellen kann. Man würde vielleicht so einiges anders machen, aber man findet einen guten Rhythmus miteinander, sodass man immer noch sehr gute Erfolge erzielt.

☹ **Geht gar nicht:** Hier wird die Zusammenarbeit schon deutlich schwieriger. Wenn ich eine Salsa-Tänzerin bin und mein Chef ein leidender Blues-Typ ist, haben wir grundsätzlich erst mal so gut wie keinen Gleichklang. Hier liegt allerdings auch eine große Chance und ein riesen Potenzial, um aneinander zu wachsen.

Nun können Sie im Vorstellungsgespräch schlecht nach dem entsprechenden Chef-Tanz-Typen fragen, aber Sie können für sich schauen, woran es aktuell bei der Zusammenarbeit hapert. Wenn Sie wissen, was für ein Tanz-Typ Ihr Chef ist, können Sie sich umso besser auf ihn einstellen und entsprechend anpassen.

Wie tanzen Sie mit einem Freestyle-Tanz-Typ?

Der schwierigste Fall zuerst. Ein Freestyler ist nun mal unberechenbar. Heute ist es so, morgen so. Die Absprachen von gestern gelten nicht mehr. Auf der anderen Seite gibt es kurze Entscheidungswege und unkompliziertes und schnelles Arbeiten. Ein Freestyler kann sogar mehr schaffen, als so mancher guter Planer. Er kann sich aber auch sehr verzetteln. Wie stellen Sie sich auf einen Freestyler ein, ohne Aggressionsfantasien zu bekommen? Am besten gar nicht. Oder besser gesagt: Schrauben Sie Ihre Erwartungen komplett runter und entdecken Sie zusammen immer neue Herausforderungen pro Tag. Die beste Strategie ist also, keine zu haben. Allerdings liegt hier auch das größte Potenzial in Cheffführung. Solange Sie ihm nicht zu nahe kommen, können Sie gezielte Vorgaben machen. Die Führungskraft kann dann selbst entscheiden, ob Sie Ihre Vorschläge annehmen möchte oder nicht. Ein weiterer Vorteil ist, dass Sie nicht großartig zu taktieren brauchen. Hier können Sie klar und offen kommunizieren. Und genau das erwartet er auch von Ihnen. Offene und ehrliche Reaktionen ohne Einengung oder eine feste Struktur.

Wie tanzen Sie mit einem Blues-Tanz-Typ?

Oh je ..., man könnte diese Führungskraft schon mal kräftig schütteln, damit überhaupt etwas passiert. Doch wenn Sie es tun, bringt das auch nicht viel. Also, bevor Sie ihn aus lauter Frust anzünden, greifen Sie hier mutig das Ruder und übernehmen Sie wertschätzend, aber bestimmt die Führung. Behalten Sie die Termine im Auge, übernehmen Sie Verantwortung für Projekte, legen Sie Alternativen vor, erinnern Sie ihn an wichtige

Termine, geben Sie ihm Lösungen vor und lancieren Sie Entscheidungen. Machen Sie ihm Mut, aber geben Sie ihm immer noch das Gefühl, der Chef zu sein, er wird es Ihnen danken. Jetzt könnte man sich allerdings fragen: Warum nehmen Sie nicht gleich eine adäquate Chef-Position ein, wenn Sie eh schon alles selber machen? Ja, warum eigentlich nicht?

Wie tanzen Sie mit einem Paso-Doble-Tanz-Typ?

Hier wird es schon deutlich schwieriger. Ein Paso-Doble-Tanz-Typ ist sehr stolz und glaubt, dass er der König aller Chefs ist. Er ist der autoritäre Bestimmer und lässt nur selten andere Meinungen gelten. Ein Mitarbeiter ist ein ausführendes Organ und hat nun mal nichts zu sagen. Dafür gibt es ja Chefs, die es besser wissen. Bei diesem Typ ist besonders wichtig, ihn genau in dieser Position zu bestätigen und zu bestärken. Streicheln Sie sein Ego und bauen Sie ihn immer wieder auf. Erst jetzt in diesem Zustand, wenn er sich Ihrer absoluten Loyalität sicher ist, wird er die Zügel etwas lockern und Sie erhalten Ihre Chance, Vorschläge zu machen und Lösungen zu lancieren, indem Sie je nach Szenario entsprechende Antworten ausarbeiten. Dann braucht er, der stolze Führer, nur noch zu entscheiden. Das liegt ihm und das mag er. Das ist Ihre Chance. Also, bevor Sie ihn vergiften wollen, finden Sie Ihre Nische. Jeder Chef hat einen Zugang. Machen Sie das aber niemals vor anderen Kollegen. Das untergräbt seine Autorität. Wenn Sie aufmerksam und eine ehrliche Haut sind, dann gehen Sie mit offenen Augen und Ohren durch den Arbeitstag, um ihn zu studieren und einen Weg zu seinem Rhythmus zu finden, um sich auf ihn einzugrooven. Auf keinen Fall sollten Sie ihn offensiv führen. Das mag er gar nicht.

Wie tanzen Sie mit einem Discofox-Tanz-Typ?

Jetzt fängt es an Spaß zu machen! Natürlich kommt es immer darauf an, welcher Tanz-Typ man selbst ist. Wenn Sie allerdings ein Blues-Typ sind, dann macht auch die Arbeit mit einem Discofox-Tanz-Typ keinen

Spaß, weil das viel zu anstrengend ist. Bei einem Discofox-Tanz-Typ können Sie sich richtig ausprobieren und mutig frische neue Vorschläge bringen. Dieser Tanz-Typ macht fast alles mit. Er geht auf Sie und Ihre Vorschläge ein, er nimmt sie ernst und legt sich ins Zeug. Hier können Sie viel mutiger und unkomplizierter rangehen, als bei jedem anderen Tanz-Typ. Hier haben Sie große Chancen. In der Regel gibt es hier selten Aggressionsfantasien. Wird Ihre Führungskraft allerdings zu »locker« und schießt etwas über das Ziel hinaus, sollten Sie ihm Grenzen aufzeigen. Vielleicht nicht mehr über jeden Witz lachen und klar kommunizieren, dass Sie jetzt nicht auch noch nach Feierabend in die Kneipe um die Ecke wollen. Setzen Sie klare Grenzen, er wird es Ihnen nicht übel nehmen.

Wie tanzen Sie mit einem Slowfox-Tanz-Typ?

Jetzt kommt die Kür: der Slowfox-Tanz-Typ ist der Souveränste von allen. Er ist sehr fair und fördert und fordert seine Mitarbeiter. Das bedeutet für Sie: Gehen Sie offen und ehrlich und sehr transparent auf diese Führungskraft zu. Er schätzt Ehrlichkeit und wird Sie unterstützen, wo er nur kann, wenn Sie es ehrlich meinen und engagiert sind. Gehen Sie motiviert rein und er wird Sie fördern! Hintergehen Sie jedoch Ihre Führungskraft und reden Sie schlecht über sie, dann wird sie nur noch wenig Lust haben mit Ihnen zu tanzen, weil sie es am liebsten nur mit einem loyalen, engagierten und professionellen Team zu tun hat. Also stehen Sie fest hinter ihr.

Wie tanzen Sie mit einem Salsa-Tanz-Typ?

Dieser Tanz-Typ hat eine Menge Gefühl, ein hohes Tempo und ordentlich Wumms. Wird Ihnen das auf Dauer allerdings zu stressig, können Sie ihn auch sanft bremsen, in dem Sie Druck und Schnelligkeit rausnehmen. Sagen Sie offen und klar, dass Ihnen jetzt alles zu viel wird und Sie nicht mehr hinterherkommen. Für ihn ist es wichtig, Prioritäten und Schwerpunkte zu setzen. Daran dürfen Sie ihn immer wieder gern erinnern, bevor Sie ihm heimlich Beruhigungsmittel in den Kaffee schütten. Er kann auch ein langsameres Tempo anschlagen. Nur machen Sie es in einem Ton, der ihm weiterhin signalisiert, dass Sie noch immer große Lust am Tanzen und an seinen Ideen haben.

Warum Sie niemand fragt, wie Sie gerne tanzen würden!

Ich bin sicher, Sie haben eine ganze Menge guter Ideen, wie Sie Ihr Unternehmen oder Ihre Abteilung voranbringen könnten. Doch fragt Sie irgendjemand nach Ihren brillanten Ideen? Nein. In der Regel wird weiterhin an den engstirnigen und eingeengten Vorgaben festgehalten, die entweder schon immer so waren oder aber schlaue Köpfe theoretisch in irgendwelchen prozessoptimierten Workshops oder, schlimmer noch, allein im stillen Kämmerlein selbst festgelegt haben.

Mitarbeiter, die nie miteinbezogen werden, keine Gestaltungsmöglichkeiten haben und nur starre Vorgaben bekommen, verkümmern irgendwann mit ihren Ideen. Sie denken: »Warum sollte ich mich einbringen, wenn es ohnehin niemanden interessiert? Dann eben nicht. Schade, dabei hätte ich eine fantastische Idee gehabt, die uns viel Geld eingespart hätte.«

Es sollte nicht entscheidend sein, wie jemand arbeitet, nur das Ergebnis sollte zählen. Das nennt sich »selbstbestimmtes Arbeiten«. Alle Beteiligten hätten Vorteile davon. Gute Chefs wissen das und lassen Mitarbeiter nicht *im* Unternehmen, sondern *am* Unternehmen arbeiten. Sie lassen sich unterstützen. Und selbst wenn Sie einen Chef haben, der das noch nicht erkannt hat, können Sie es selbst forcieren. Denn noch wagen es die wenigsten Bosse, ihren Mitarbeitern die Zügel in die Hand zu geben, aufgrund ihrer Angst vor Kompetenzgerangel oder dem Verlust von Macht beziehungsweise Autorität.

»Ach, ich bin doch hier nur der/die …« Diesen Satz höre ich öfter, doch streichen Sie ihn bitte mit sofortiger Wirkung aus Ihrem Gehirn. Machen Sie sich niemals kleiner als Sie sind. Ihre Position im Unternehmen hat absolut nichts mit Ihrem Stellenwert als Mensch zu tun. Es ist letztlich eine Funktion, in der Sie Ihre Fähigkeiten, Ihr Know-how, Ihre Erfahrungen und Ihren Fleiß einbringen. Und nur diese Eigenschaften sollten bewertet werden. Daher: Begegnen Sie Ihrem Boss auf Augenhöhe, indem Sie sich selbst sagen »Es geht hier nur um den Job, den ich mache, und nicht um mich als Mensch!«

Jeder Mensch möchte von anderen wahrgenommen werden, für andere bedeutsam sein. Jeder Mensch braucht einen Ansporn, um zu arbeiten, er braucht Motivation. Die Beweggründe sind individuell verschieden: Geld verdienen, die Familie ernähren, Spaß haben, sich verwirklichen. Jeder, der arbeitet, macht es aus einem bestimmten Sinn heraus. Es gibt jedoch eine Voraussetzung und die nennt sich »Selbstversprechen«. Nur Sie selbst können sich glücklich machen. Nicht der Partner, nicht der Chef, nicht materieller Besitz – nur Sie selbst.

Und mal ehrlich: Wenn Sie mit jemandem tanzen, erwarten Sie doch, dass es ihm ebenfalls Spaß macht, oder? Wer will schon einen lustlosen, frustrierten, gelangweilten Tanzpartner wie einen nassen Sack über die Tanzfläche schleppen? Ja, Sie dürfen sich einen Boss wünschen, der ebenfalls Lust auf seinen Job hat. Der seine Arbeit mag und davon begeistert ist. Sie dürfen sich wünschen, dass Ihre Führungskraft hinter ihren Entscheidungen und hinter Ihnen steht. Und Sie dürfen sich wünschen, dass Ihr Boss nicht nur sein eigenes, sondern auch Ihr inneres Feuer zum Lodern bringt. Denn nur wer selbst begeistert ist, kann andere begeistern! Sie dürfen sich einen Boss wünschen, der ehrlich, fair und verbindlich ist und sich nicht unsicher hinter Hierarchien oder Richtlinien versteckt. Sie dürfen sich eine Führungskraft wünschen, die eine echte starke Persönlichkeit ist, die sogar führen kann. Aber eins ist klar: Wenn die Führungskraft nicht führt, dann führen Sie!

TAKT 2

Action – So führen Sie Ihren CHEF

Greifen Sie ein, wenn Ihre Führungskraft gegen den Pfeiler tanzt!

Es gibt ein neues Zeichen beim Büro-Schere-Stein-Papier: die Handgranate! (Faust mit dem Daumen nach oben)

So ist es beim Tanzen

Das Schöne am Paartanz ist, dass keiner merkt, wer wen führt – sofern man es geschickt anstellt. Der Zuschauer sieht in der Regel nur, dass fröhlich miteinander getanzt wird. Dass der oder die Geführte im Zweifel gegensteuern muss, sehen nur geschulte Augenpaare. Natürlich ist es wichtig, dass auch der oder die Geführte immer aufmerksam ist. Mal herrscht dichtes Gedränge auf dem Parkett, mal sind ein paar unberechenbare Freestyler unterwegs. Wenn nicht beide Tanzpartner aufpassen, sind Zusammenstöße vorprogrammiert. Manchmal ist die Tanzfläche auch viel kleiner als gedacht. Man hat hinten schließlich keine Augen – und bei all den Drehungen und Wendungen kann es im Eifer des Gefechts durchaus vorkommen, dass der Pfeiler, der eben noch nicht da war, nun plötzlich im Weg ist. In diesem Fall ist es wichtig, dass auch der geführte Tanzpartner mal gegensteuert. In der Regel hat der Führende nichts dagegen und gibt dem sanften Druck nach, im vollen Vertrauen, dass das schon seine Richtigkeit haben wird.

So ist es im Job

Wenn die Rahmenbedingungen nicht stimmen, kann keiner in den Flow kommen und es läuft einfach nichts rund. Motivierte Mitarbeiter sind die Grundpfeiler des Erfolgs und die Führungskraft sollte sich auf sie verlassen können. Ein reibungsloses Zusammenspiel, ein harmonisches Miteinander, funktioniert nur, wenn ein wertschätzendes, unterstützendes und motivierendes Arbeitsklima vorherrscht, die Kompetenzen und Aufgaben- und Verantwortungsbereiche klar definiert sind, individuelle Spielräume und Anreize für Weiterentwicklung und Weiterbildung vorhanden sind.

Also, haben Sie keine Angst davor, mit Ihrem Boss zu tanzen, wenn Sie dadurch die Möglichkeit haben, Ihre Situation oder allgemein das Arbeitsklima zu verbessern! Nur wer kein Vertrauen zu seinen Mitarbeitern hat, lässt sich nicht führen.

Wer ist hier der Boss?

Es gibt Führungskräfte, denen möchte man einfach nur rechts und links eine runterhauen. Zum Wachwerden natürlich, nicht zum Wehtun! Von denen kommt einfach nichts, gar nichts: Keine klare Anweisung, keine eigene Meinung, keine klaren Vorgaben. Es ist ein einziger Totentanz. Sie wissen jetzt schon, das ist der klassische Blues-Typ. Doch warum sind sie so? Dafür gibt es vielfältige Gründe: weil sie vielleicht ebenfalls nicht klar von ihrem eigenen Vorgesetzten geführt werden; weil ihnen aufgrund der Unternehmenshierarchie die Hände gebunden sind; weil sie resigniert haben; weil sie sich nicht trauen …

Vielleicht ist Ihre Führungskraft aber auch das genaue Gegenteil: hoch motiviert bis hyperaktiv, aber womöglich auch auf den eigenen Vorteil bedacht und somit sehr politisch unterwegs, so wie der Salsa-Typ. Und es gibt Führungskräfte, die interessieren sich kein bisschen für ihre Mitarbeiter, sondern nur für sich selbst. Die grüßen sie noch nicht einmal im Fahrstuhl – und wissen womöglich überhaupt nicht, dass sie in ihrer Abteilung arbeiten. Das wäre dann ein klassischer Paso-Doble-Typ, der den Kopf sehr weit oben hat.

Je nachdem mit welchem Chef-Tanz-Typ Sie es zu tun haben, kommen andere Herausforderungen bei der täglichen Zusammenarbeit auf Sie zu. Sind Sie zum Beispiel jemand, der klare Strukturen braucht, sind Sie mit einem Chef aufgeschmissen, der seinen Mitarbeitern eben keine klaren Vorgaben macht, weil er es nicht kann oder weil er sie lieber eigenverantwortlich wursteln lässt. Wenn Sie selbst gerne in Eigenregie arbeiten, bekommen Sie vielleicht Knatsch mit einem typischen Kontrolletti-Chef, der wenig Vertrauen hat. Mein eigener Tanz-Typ hat also unmittelbaren Einfluss darauf, wie die Zusammenarbeit verläuft.

Führung wider Willen

Diejenigen Führungskräfte, die sich in einer sogenannten Sandwich-Position befinden, also ständig zwischen der Rolle des Chefs und der des Mitarbeiters wechseln müssen, weil sie selbst einen Vorgesetzten über sich haben, haben es besonders schwer. Sie stehen unter enorm hohem Druck und ich glaube, ihnen ist oft selbst nicht bewusst, wann genau sie nun die Geführten oder die Führenden sind.

Meiner Meinung nach gibt es viele Fachkräfte, die im Grunde ihres Herzens gar keine Chefs sein wollen, der Job es aber nun einmal so mit sich bringt. Sie werden in eine Führungsposition »hineinbefördert« – und dann haben alle Beteiligten den Salat. Solche Führungskräfte kommen oftmals mit all diesen Herausforderungen schlecht bis gar nicht zurecht. Das ist auf menschlicher Ebene völlig verständlich, aber beruflich letztlich inakzeptabel. Eine überforderte Führungskraft kann froh sein, wenn auf der Tanzfläche wenig los ist, sonst würde sie viel öfter anecken und hin- und hergeschubst werden. Wenn sich allerdings mehrere solche Führungskräfte auf der Tanzfläche tummeln, sind Zusammenstöße und sogar Stürze vorprogrammiert. Und Sie als Mitarbeiter werden mitgeschleift – auf Gedeih und Verderb. Sie sehen die Probleme schon glasklar und massiv auf sich zukommen, aber der Chef hat den Überblick vollends verloren – und schon kracht es ordentlich oder er wird hektisch, um die Kollision doch noch zu vermeiden. Im letzteren Fall müssen Sie zum Beispiel in Windeseile kurz vor dem Meeting die Präsentation ändern, weil etwas Wichtiges fehlt – was man bei besserer Planung und Organisation auch gestern in aller Ruhe hätte erledigen können. Oder neue Ware kommt plötzlich in Hunderten von Kartons an – und Sie hatten keine Ahnung davon, für heute war doch »eigentlich« eine ganz andere Aktion geplant. Oder Sie bekommen kommentarlos einen Haufen zusätzliche Arbeit auf den Tisch, die total dringend ist und »eigentlich« schon letzte Woche hätte erledigt sein sollen.

Ich will damit nicht sagen, dass Führungskräfte grundsätzlich untauglich sind, auf keinen Fall! Ich glaube, dass die meisten sogar den allerbesten Willen haben. Viele Chefs haben gute Führungsqualitäten. Ich für meinen Teil habe mehr gute Führungskräfte kennen gelernt als schlechte. Aber manchmal kann sich der gute Wille in der Praxis, im hektischen Tagesgeschäft, verlieren. Wie bereits gesagt: Ihr Boss ist auch nur ein Mensch.

Den krampfhaften Griff lösen

Führungskräfte könnten sich das Leben so viel leichter machen, doch dafür müssten sie erst einmal loslassen. Aber das ist leichter gesagt als getan, denn Loslassen hat immer etwas mit Vertrauen zu tun. In dem Moment, in dem eine Führungskraft loslässt, gibt sie Kontrolle ab. Und Kontrolle wird von vielen mit Macht und Stärke gleichgesetzt (und mitunter verwechselt). Für eine Führungskraft ist es befremdlich loszulassen, da es doch schließlich darum geht, immer möglichst alles im Griff zu haben. Es zeigt Größe und Souveränität, wenn eine Führungskraft loslassen kann, statt krampfhaft alles an sich zu reißen.

An dieser Stelle kann ich mal wieder aus dem Nähkästchen plaudern. Ich hatte einen Chef, der keinerlei Vertrauen in die Arbeit seiner Mitarbeiter hatte. Aus diesem Grund vergab er immer die gleiche Aufgabe an mehrere Abteilungsleiter, nur um diese gegeneinander auszuspielen und um sicherzugehen, dass er wirklich das richtige Ergebnis bekam. Unaufhörlich sammelte er zudem Material, um etwas gegen die eigenen Mitarbeiter in der Hand zu haben, wenn er sie zu sich zitierte. Ich habe gestandene Manager gesehen, die am ganzen Körper zitterten, als sie sein Büro wieder verließen. Und auch ich habe bei ihm mein Fett weggekriegt.

Natürlich durchschauten die Abteilungsleiter früher oder später seine Spielchen und sprachen sich ab diesem Zeitpunkt untereinander ab, sodass der Vorgesetzte immer gleiche Ergebnisse geliefert bekam. Einen solchen Vorgesetzten möchte man eigentlich nicht vor einem nahenden Pfeiler retten …

Ich möchte nur ungern das Wort »Erziehung« in den Mund nehmen, aber es geht definitiv in die Richtung. Sie können selbst sehr viel dafür tun, damit es für alle besser läuft, und ich behaupte, meine Dance-Methode funktioniert mit fast jedem Chef!

Doch wie funktioniert das? Wie können Sie Ihren Chef taktvoll führen? Wie kommen Sie überhaupt an ihn heran? Was können Sie unternehmen, damit sich etwas ändert? Denn Ihren Chef können Sie nicht verändern ... oder etwa doch?

Sich nur darüber zu beklagen, wie schlecht der eigene Boss doch führt, macht die Gesamtsituation auch nicht besser. Unterstützen Sie Ihren Chef, übernehmen Sie von Zeit zu Zeit die Führung, wenn es sein muss! Überlegen Sie: Was können Sie tun, wenn Sie die Probleme schon von weitem auf sich (und Ihren Chef) zukommen sehen? Womöglich haben Sie ja bereits die passende Lösung parat.

Vertrauen schaffen durch Selbstvermarktung

Wenn Sie Ihre Führungskraft führen möchten (oder müssen), sollten Sie sich im Vorfeld über Ihre eigenen (Führungs-)Stärken klar werden, da Sie im ersten Schritt Ihre Führungskraft zum Loslassen animieren müssen. Das heißt Vertrauen muss aufgebaut werden. Überlegen Sie anhand der folgenden Fragen, welche Kompetenzen und Qualitäten Sie mitbringen und wie Sie diese in Ihrer alltäglichen Arbeit einbringen können. In welchen Situationen können Sie die Führung übernehmen – und wo sind Ihre Grenzen? Verschaffen Sie sich einen Überblick über Ihr Repertoire.

- Was gelingt Ihnen besonders gut bei der Arbeit und warum?
- Was macht Ihnen im Arbeitsalltag besonders viel Spaß, geht Ihnen leicht von der Hand und begeistert Sie am meisten?
- Wie schätzen Sie sich selbst beim Arbeiten ein? Bewerten Sie Ihre Performance in Ihren Aufgabenbereichen mit Bronze, Silber und Gold. Auf welche Ihrer beruflichen Leistungen sind Sie stolz und warum?

Wie stellen Sie fest, dass Sie sich für eine taktvolle Chefführung eignen?
- Mögen Sie Ihre Führungskraft? Nur wenn Sie Sympathie verspüren, fällt es Ihnen leicht ebenfalls Verantwortung zu übernehmen.

- Sind Sie engagiert bei der Sache? Nur dann sind Sie auch daran interessiert, dass alles in die richtige Richtung läuft.
- Können Sie über den Tellerrand schauen? Nur wer Zusammenhänge erkennt, weiß wann es Zeit ist, positiv einzuwirken.
- Haben Sie ein gutes Feingefühl und respektieren Sie Ihre Führungskraft? Nur dann baut sie Vertrauen zu Ihnen auf und kann etwas loslassen.
- Sind Sie ein Teamplayer? Nur wer sich Unterstützung holt, steht nicht alleine vor Problemen!
- Sind Sie grundsätzlich ein lösungsorientierter Mensch? Nur wer daran interessiert ist, Probleme zu lösen, wird dies auch tun.
- Sie signalisieren Ihrer Führungskraft, welche Führung Sie brauchen? Nur dann bekommen Sie, was Sie brauchen.

Um eine Vertrauensbasis zu schaffen, müssen Sie zeigen, was alles in Ihnen steckt und in welchen Bereichen Sie eine wertvolle Hilfe sein können. Im Grunde betreiben Sie PR in eigener Sache und der Eigen-PR-Stern (siehe Abbildung 6) hilft Ihnen dabei, sich Ihre Vorzüge, gleichzeitig aber auch Ihre Verbesserungspotenziale bewusst zu machen. Hier geht es um vorausschauende und strategische Selbstvermarktung auf einem einzigen Blatt Papier. Identifizieren Sie, wie Sie noch erfolgreicher in Ihrem Aufgabengebiet werden können. Es geht aber auch um Selbstwirksamkeit, was so viel bedeutet wie: Raus aus dem Quark, rühren Sie die Werbetrommel für sich! Nein, das ist keine elende Angeberei, sondern geschickte und maßgeschneiderte Eigen-PR.

Im Eigen-PR-Stern stehen natürlich Sie im Mittelpunkt. Rundherum sind Ihre Werte und Themen angeordnet, die Sie stärken und ausmachen. Das ist die Hülle, die Sie schützt, und die Ihnen gut tut. Im hitzigen Alltag vergessen wir schon Mal, warum uns unsere Ziele so wichtig sind. Hier haben Sie alles im Blick, verlieren niemals die Richtung und erinnern sich an bereits erarbeitete Schwerpunkte. Hier eine kleine Auswahl von Beispielfragen:

- Durch welche Stärken zeichnen Sie sich aus? Wie nutzen Sie diese im Beruf? Was fällt Ihnen leicht? Welche Stärken sind Ihrer Führungskraft bereits aufgefallen, welche nicht?

- Welche Ziele wollen Sie bis wann erreicht haben? Welcher Ruf soll Ihnen vorauseilen? Was soll der Chef über Sie denken?
- Welche inhaltlichen und fachlichen Schwerpunkte legen Sie für sich fest? Je stärker Sie sich in einem Thema zum Experten mausern, desto mehr werden Sie wahrgenommen, akzeptiert und respektiert.
- Welchen höheren Sinn verfolgen Sie mit Ihrem Beruf? Geht es Ihnen hauptsächlich ums Geldverdienen oder verfolgen Sie ein bestimmtes Karriereziel? Oder gar ein gesellschaftspolitisches (die Welt ein bisschen besser machen)?
- Welche Werte vertreten Sie? Stimmen diese mit denen Ihres Unternehmens oder Vorgesetzten überein? Bitte verbiegen Sie sich nicht!

Alles, was im Inneren des Sterns steht, betrifft nur Sie. Das geht niemanden etwas an. Es geht hierbei nämlich um die eigene Fokussierung. Diese können Sie immer weiter ergänzen mit Themen, die Ihnen wichtig sind:

- Wer sind Ihre Unterstützer im Unternehmen? Sie müssen schließlich nicht alles alleine machen. Wen können Sie fragen? Wer öffnet Ihnen Türen?
- Was sind Ihre Kraftquellen? Was tut Ihnen gut? Schlafen, Ruhe, Yoga, Sofa, Joggen, Freunde, Familie …

Die äußeren Sternzacken stehen für die Ausstrahlung an die »Zielgruppen«, die Sie mit Ihren Maßnahmen in puncto Eigenwerbung erreichen wollen. Wie könnte es am besten gelingen, Vertrauen nicht nur zu Ihrer Führungskraft aufzubauen, sondern auch zu anderen Kollegen im Unternehmen? Mit einer interessanten Idee, die Sie Ihrer Führungskraft oder im Team-Meeting vorstellen? Mit Vorträgen bei einer Unternehmensveranstaltung? Mit Beiträgen in der Mitarbeiterzeitung? Mit einer klaren konstruktiven Meinung, die Sie im Meeting äußern? Es gibt eine Menge Selbstvermarktungsinstrumente, die Sie als kompetenten Partner für Ihren Boss sichtbar(er) machen. Wichtig ist, ihn möglichst genau, also maßgeschneidert zu »bedienen«. Das ist in der Tat schon der Fortgeschrittenen-Kurs in Sachen Eigen-PR. Die Sternzacken müssen also vor

Abbildung 6: Eigen-PR-Stern für gezielte Selbstvermarktung

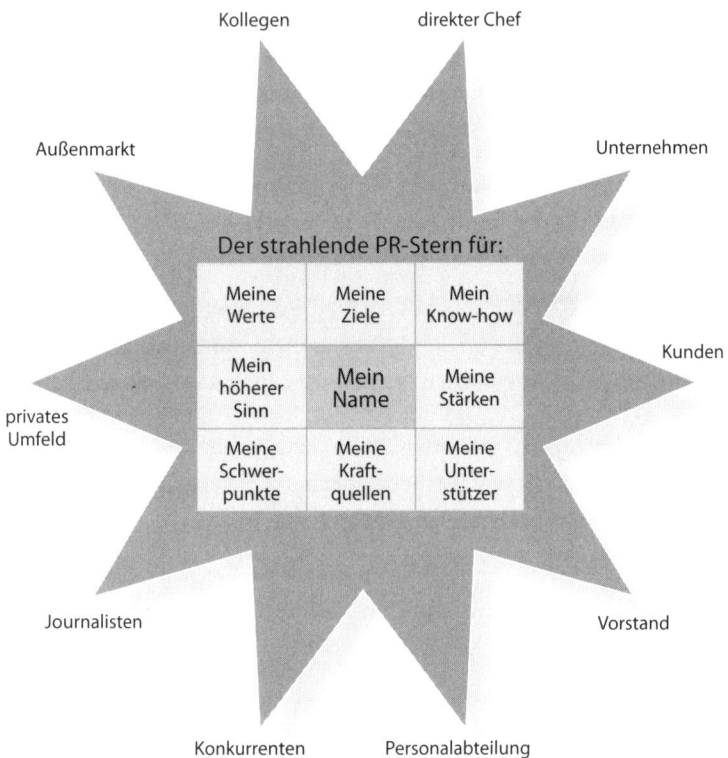

her gut durchdacht sein. Wie wirken Sie auf den Boss? Was möchten Sie ausstrahlen? Kein Chef der Welt wird Sie mehr übersehen, da Sie zukünftig nicht nur fachlich versiert sind, sondern noch dazu charismatisch! Das bedeutet, Sie haben ein starkes Selbstbewusstsein und eine hohe Selbstsicherheit, denn Sie kennen Ihre Stärken ganz genau. Des Weiteren ist eine charismatische Person auch »kongruent«, was nichts anderes bedeutet, als dass sie ihr grundsätzliches Tun mit ihrer inneren Überzeugung, ihren Talenten und ihren Werten verbindet und dies auch lebt – egal auf welcher Hierarchieebene. So etwas mögen viele Chefs. Sie wollen sich auf ihre Mitarbeiter verlassen können und darauf vertrauen, dass sie wissen, was sie tun. Und wenn Sie dann noch ein bisschen Ihren Charme spielen lassen, umso besser. Denn Humor und Positivität sind ein großer Pluspunkt!

Mitdenken heißt mitlenken

Wenn Ihr Vorgesetzter nicht klar in die Führung geht, sollten Sie es tun. Nicht offensiv, nicht rebellisch, nicht revolutionär, sondern fachlich versiert und mit gesundem Menschenverstand. Überlegen Sie sich: Was hilft der Führungskraft in einer bestimmten Situation? Welche Informationen braucht sie? Denn mal ehrlich: Ihr Boss kann nicht alles überblicken. Jeder Mitarbeiter sollte sich hin und wieder Zeit nehmen, um vorausschauend zu planen und zu überlegen, wie er seinen Chef am besten unterstützen kann. Jeder Mitarbeiter ist ein Dienstleister, ein »Chefentlaster«, egal auf welcher Ebene er arbeitet.

Der Begriff »Chefentlastung« wird oft mit den Aufgaben des Sekretariats assoziiert, doch er gilt im Grunde überall. Bedarfsgerechte und maßgeschneiderte Chefentlastung bedeutet vor allem, vorausschauend und strategisch mitzudenken, einen kühlen Kopf und den Überblick zu bewahren. Ich nenne das gerne, wie Sie schon wissen, »betreutes Arbeiten«. Das bedeutet jedoch keineswegs, dass der Mitarbeiter alle unliebsamen Arbeiten des Chefs übertragen bekommt und diese ausführt, ohne die Zusammenhänge und Zielvorstellungen zu kennen. Frei nach dem Motto: »Machen Sie mal, Sie schaffen das schon. Sie haben das schließlich gelernt«. Diese Zeiten sind vorbei!

Nein, Chefentlastung funktioniert grundsätzlich nach dem Prinzip der Gegenseitigkeit und Partnerschaftlichkeit. Das beinhaltet ein hohes Maß an Vertrauen, Loyalität, Integrität und Diskretion. Die Unternehmensbeziehungsweise Abteilungsziele stehen im Mittelpunkt. Und dies setzt in der Zusammenarbeit eine hohe Transparenz hinsichtlich der Informationen und Strukturen, eine klare Kompetenz- und Aufgabenverteilung sowie gegenseitige Wertschätzung voraus. Aber wie sieht nun das Zusammenspiel zwischen Chef und Mitarbeitern im Einzelnen aus?

Die bedarfsgerechte und maßgeschneiderte Chefentlastung sieht vor, dass der Mitarbeiter mitdenken darf, denn mitdenken heißt mitlenken! Das bedeutet, dass Sie einen klar definierten Handlungs- und Entscheidungsspielraum erhalten und Ihr Aufgabengebiet eindeutig abgegrenzt ist, Vertretungsregelungen festgeschrieben sind sowie die Eingliederung innerhalb der Hierarchie beziehungsweise Organisation deutlich ist. Dies alles sollte klar kommuniziert werden und am besten Bestandteil der Stellenbeschreibung sein.

Um Ihren Beruf ausüben zu können, haben Sie sich über die Jahre grundsätzlich eine hohe fachliche und persönliche Qualifikation angeeignet. Das ist wunderbar. Bitte nutzen Sie diese auch. Um Ihre Führungskraft wirkungsvoll zu entlasten, brauchen Sie über Ihre Erfahrungen und Kenntnisse hinaus jedoch auch wichtige Informationen, damit Sie die unternehmerischen Zusammenhänge besser verstehen. In vorbildlichen Unternehmen wird all das kommuniziert, es steht im Intranet oder es gibt entsprechende Strategieveranstaltungen, bei denen über die Unternehmensziele und -ausrichtung informiert wird. Wenn Sie beim Tanzen nicht wissen, wie die Schritte gehen oder welchen Tanz Sie überhaupt tanzen sollen, muss die Führungskraft stärker gegenlenken, was viel mehr Kraft kostet. Es wäre für alle leichter, wenn alle die Schritte in etwa gleich gut beherrschen und wissen, was auf sie zukommt. Souveräne Unternehmen und Vorgesetzte wissen und fördern dies. Damit wir uns richtig verstehen: Es geht nicht darum, dem Vorstand beim zufälligen Treffen im Fahrstuhl von Ihren Ideen zu berichten und ihm unverblümt vor den Latz zu knallen, was er zukünftig gefälligst besser machen soll. Es geht auch nicht darum, bei der nächsten Strategieentwicklung, im Lenkungsausschuss oder bei der nächsten Vorstandssitzung dabei zu sein. Es geht ausschließlich um Ihren Arbeitsbereich, um Ihren Tanzbereich (dazu später mehr), in dem Sie sich mit Ihren Kollegen und Ihrem Boss bewegen. Unaufgefordert am Großen und Ganzen mitwirken zu wollen, könnte als Einmischung und Kompetenzüberschreitung betrachtet werden. Wobei es glücklicherweise auch immer mehr Ideenoffensiven gibt, bei denen jeder Mitarbeiter mitmachen und seine Ideen einbringen kann.

Sie erledigen also das normale Tagesgeschäft wie gewohnt. Doch darüber hinaus entwickeln Sie zusätzlich Potenziale für eine kompetente Zusammenarbeit mit Ihrem Boss. Dieser will und soll sich hundertprozentig auf Sie verlassen können! Wenn Sie mitdenken, eigenständig die nötigen Unterlagen einfordern oder Informationen bereithalten und Ihrem Chef so zuarbeiten, dass er sich seinen eigenen Aufgaben widmen kann, fördert dies ein harmonisches Miteinander. Immer wiederkehrende Organisationsabläufe können Sie proaktiv hinsichtlich ihrer Effizienz und Effektivität überprüfen. Es schleichen sich über die Jahre Gewohnheiten ein, und manchmal werden aus lauter Bequemlichkeit die Dinge weiter so erledigt wie bisher, weil es »immer schon so gemacht wurde«. Achten Sie darauf, die Routineaufgaben auf ihre Aktualität hin zu überprüfen. Ihre Verbesserungsvorschläge sollten mehr als erwünscht sein, sofern diese wertschätzend geäußert werden. Besser wäre noch, dass sie vom Vorgesetzten abgefragt werden. Doch was tun, wenn man Sie nicht lässt, wenn man Sie in Ihrem Aufgaben- und Kompetenzbereich einschränkt? Bevor Sie sich nach einem neuen Tanzpartner umsehen, können Sie versuchen, Ihr Anliegen direkt anzusprechen oder sich mit Ihren Kollegen zu beratschlagen, oder – wenn Sie risikobereit sind – die Dinge einfach ändern und abwarten, was passiert. Sollte nichts von alldem fruchten, können Sie immer noch weiterziehen, wenn sich eine gute Gelegenheit ergibt.

Das ist mein Tanzbereich ...

In *Dirty Dancing* versucht Tanzlehrer Johnny Castle der jungen Frances »Baby« Houseman beizubringen, dass beim Tanzen jeder einen bestimmten Bereich für sich beansprucht: »Das ist mein Tanzbereich, das ist dein Tanzbereich.« Ein individueller Tanzbereich, also Spielraum, ist auch im Unternehmen für Mitarbeiter besonders wichtig, mit klar abgesteckten Bereichen. Im eigenen Tanzbereich darf sich jeder frei bewegen. Es macht keinen Spaß, wenn man keinen oder nur einen sehr engen Kompetenzbereich hat und einem der Chef ständig über die Schulter schaut oder wenn einem immer mehr Aufgabenverantwortung weggenommen wird. Doch wie sieht die Realität in den Unternehmen tatsächlich aus? Es kommt sicherlich immer auf die verschiedenen Chef-Tanz-Typen an, wie viel Spielraum Ihnen als Mitarbeiter zugestanden wird, doch in der Regel gilt: je größer das Unternehmen, desto kleiner der Spielraum.

Mitarbeiter haben oft Unsicherheiten, die daraus entstehen, dass sie nicht genügend Informationen bekommen. Sie wissen nicht, warum sie etwas tun oder besser lassen sollen. Und Mitarbeiter haben Ängste: Sie können nicht sicher sein, ob es ihren Job oder das Unternehmen im nächsten Jahr noch gibt, bei all den schnellen Veränderungen in der Wirtschaft. Warum bezieht man Mitarbeiter nicht mehr mit ein? Transparenz und offene Kommunikation würden vieles erleichtern.

Gern bemühe ich hier einen etwas abgegriffenen Spruch: Hinter jedem erfolgreichen Chef stehen starke Mitarbeiter. Und ich bin der festen Meinung: Mitarbeiter stärken heißt Unternehmen stärken. Es gehört eigentlich gar nicht so viel dazu, Mitarbeiter glücklich zu machen, denn die meisten möchten vor allem wahrgenommen und ernst genommen werden und sich engagiert einbringen können. Sind denn die Mitarbeiter nicht eine der wichtigsten Ressourcen in einem Unternehmen? Deshalb sollten sie auch als Menschen mit all ihren Potenzialen und Talenten gesehen werden. Eine Führungskraft sollte sich hier als Vorbild für die Mitarbeiter verstehen und sich selbst verlässlich, authentisch und souverän einbringen.

Den Rahmen bildet die Unternehmenskultur, zudem ist ein positives Arbeitsklima unerlässlich, denn immerhin verbringen Sie den Großteil des Tages im Unternehmen. Darüber hinaus muss Leistung erwünscht sein, und ebenfalls fördernd für eine Zufriedenheit im Job ist eine gute *Fehlerkultur*, sodass Sie aus Fehlern lernen und sich verbessern können. Eine gelebte *Feedbackkultur* ist dafür eine gute Grundlage, denn ebenso wie *Kommunikation* ist sie essenziell. Aber nur, wenn jeder zu Wort kommt, also auch der Mitarbeiter. Durch Konflikte gehen ein hohes Maß an Arbeitszeit und vor allen Dingen Energie verloren.

Sowohl im privaten Bereich als auch im Arbeitsleben überschneidet sich unser Tanzbereich, unser individueller Spiel- oder Freiraum, mit dem anderer Menschen: Familienangehörige, Freunde, Arbeitskollegen und Chefs. Das führt dazu, dass wir uns manchmal in unserem Freiraum beschnitten fühlen, weil andere uns zu dicht auf die Pelle rücken. Ein Beispiel aus dem Arbeitsalltag: Ihr Chef gibt Ihnen kurz vor Feierabend Zusatzarbeit, die unbedingt bis zum nächsten Morgen erledigt sein muss. Das tut er, ohne sich mit Ihnen abzustimmen. Es scheint ihm egal zu sein, ob und wie Sie Ihre übrige Arbeit schaffen, und er setzt einfach voraus, dass Sie die nötigen Überstunden dranhängen ohne zu murren. Doch vielleicht haben Sie ja abends noch etwas vor. Vielleicht müssen Sie pünktlich Feierabend machen, um Ihr Kind aus der Kita abzuholen, weil es sonst keiner machen kann. Ganz ehrlich, wie oft ist Ihnen so etwas schon passiert? Sie geben Ihrem Job den Vorrang und nehmen Unannehmlichkeiten in Kauf bis hin zu einem schief hängenden Haussegen – und das nur weil Ihnen gar nicht bewusst ist, wie intolerant sich Ihr Chef Ihnen gegenüber verhält. Oder schlimmer noch: Es ist Ihnen bewusst, aber Sie trauen sich nicht, etwas dagegen zu unternehmen, weil Sie Angst um Ihren Job haben. Das Tanzbereich-Tool soll Ihnen dabei helfen, Abgrenzungen und Schnittmengen zwischen Ihnen und anderen Menschen sichtbar zu machen. Es ermöglicht einen Blick von oben auf zwischenmenschliche Konstellationen und macht in Form von Kreisen komplizierte Beziehungsgeflechte sichtbar. Dadurch wird deutlich, wie weit andere Personen in Ihren persönlichen Bereich eindringen und Ihnen Raum nehmen. Nur wenn Sie sich bewusst machen, wer in welchem Ausmaß in Ihren Tanzbereich eindringt, können Sie gegensteuern und selbst bestimmen, welche Schnittmengen Sie welchen Menschen zugestehen wollen. Darüber hinaus kann es auch den Handlungsspielraum, also Ihren Freiraum im Beruf widerspiegeln. Was dürfen Sie alles? Welche Kompetenzen werden Ihnen übertragen? Welche Entscheidungen dürfen Sie treffen? Wie selbstbestimmt dürfen Sie arbeiten? Manchmal wird es einem bewusster, wenn man Umstände, Situationen oder Beziehungen auf den Tisch legt: im wahrsten Sinne des Wortes.

Und so funktioniert das Tanzbereich-Tool: Nehmen Sie eine Auswahl an Papierkreisen in unterschiedlichen Farben zur Hand (geht auch wunderbar mit Topf- oder Glasuntersetzern). Sie können auch unterschiedlich groß sein, je nachdem wie Sie Ihren Spielraum um sich herum darstellen wollen. Aus dieser Vielfalt wählen Sie nun den größten Kreis aus, der Sie selbst symbolisiert und legen ihn vor sich auf den Tisch. Danach wählen Sie einen anderen Kreis aus, der eine bestimmte Person, in diesem Fall Ihren Chef, darstellt und legen diesen so dicht an Ihren eigenen Tanzbereich, wie er Ihnen tatsächlich kommt. Weiten Sie das Ganze auf Ihre Teamkollegen oder auf die Mitglieder Ihrer Abteilung sowie auf die wichtigsten Bezugspersonen in Ihrem Leben aus.

Wer überschreitet Ihre persönliche Grenze? Wie viel Luft bleibt Ihnen noch? Wie fühlt sich das an? Oftmals merkt man hier schon, wie einem die Luft abgeschnitten wird, wenn es jemanden gibt, der einem kaum Handlungsspielraum lässt. Das ist die Ist-Situation.

Im nächsten Schritt überlegen Sie sich, welche Kreise sie anders anordnen wollen: Wer soll wo liegen? Wie weit darf die jeweilige Person in Ihre Privatsphäre eindringen? Es ist Ihr persönlicher Tanzbereich, Sie sind hier der Boss – und Sie allein bestimmen die Aufstellung. Mit wem möchten Sie auf der Tanzfläche Ihres (Arbeits-)Lebens überhaupt tanzen? Wie eng möchten Sie mit demjenigen zusammen tanzen? Möchten Sie überhaupt noch mit dieser Person tanzen? Vielen wird nach dieser Analyse erst bewusst, wie verwoben Beziehungsgeflechte sind und wie weit andere Menschen die eigenen Grenzen überschreiten. Es lohnt sich, von Zeit zu Zeit von oben auf das eigene Leben zu schauen und sich vor Augen zu führen, wie verwoben man mit anderen ist.

Nachdem Sie die Analyse erfolgreich durchgeführt haben, folgt die Konsequenz daraus. Wie schaffen Sie zum Beispiel Ihren eigenen Tanzbereich, wenn Ihnen bisher keiner zugestanden wurde? Indem Sie ihn sich mutig nehmen! Bleiben wir bei dem oben genannten Beispiel, dass Ihr Boss sich immer mehr Raum nimmt und Ihnen immer mehr Überstunden ohne Absprache aufbrummt. Wenn Sie diese weiterhin, zwar innerlich grollend aber ohne Gegenwehr ausüben, müssen Sie sich nicht wundern, dass das immer selbstverständlicher wird. Hier hilft es, klare Grenzen zu setzen. Vielleicht mit einem kleinen Trick. Sie könnten schon morgens die Führungskraft informieren, dass Sie am Abend pünktlich weg müssen. Oder Sie fragen am Anfang der Woche nach dem Arbeitspensum, damit Sie die Kinderabholung besser planen können. Dies ist ein wichtiges und legitimes Thema, welches Sie ansprechen dürfen und auch sollten. Keine Sorge, Ihr Chef gewöhnt sich schon daran und je öfter Sie das tun, desto selbstverständlich wird es auch für ihn, Überstunden rechtzeitig anzukündigen beziehungsweise gemeinsam mit Ihnen vorausschauender zu arbeiten, damit die Arbeit anders über die Woche verteilt werden kann. Und wenn er das nicht tut oder Sie gar damit aufzieht: »Oh, geht es zu Hause nicht ohne die Mami?«, sollten Sie darüber nachdenken, ob Sie noch am richtigen Ort sind.

Sprechen Sie doch mal persönlich an, wie sich Ihre Führungskraft die Zusammenarbeit grundsätzlich vorstellt. Dann können Sie entscheiden, ob diese Einstellung sich mit Ihrem Flexibilitätsbedürfnis verträgt. Viele Unternehmen passen sich an und richten flexible Arbeitszeiten ein. Und wenn Ihre Führungskraft das nicht tut, fordern Sie es ruhig ein. (»Ich muss dienstags und donnerstags immer pünktlich um 17 Uhr gehen. Dafür bin ich an den anderen Tagen deutlich flexibler.«) Und wie bringen Sie Ihren Boss nun dazu, Ihren Tanzbereich zu respektieren? Indem Sie ihm die Grenze immer wieder aufzeigen. Das haben Sie bereits getan, indem Sie grundsätzlich geregelt haben, dass Sie dienstags und donnerstags immer früher gehen müssen. Und jetzt bekommt das Wort »Konsequenz« eine wichtige Bedeutung. Tun Sie das konsequent und immer wieder. »Chef, Sie wissen doch, heute ist Dienstag, da muss ich pünktlich gehen!« Sagen Sie es aber schon morgens, damit Ihr Chef rechtzeitig daran erinnert wird.

Das Tanzbereich-Tool zeigt eventuell auch, dass Sie Ihren Bereich als zu beengt empfinden. Wie können Sie diesen vergrößern? Wenn Sie das erstmal festgestellt haben, wissen Sie, was Sie zu tun haben. Vertrauen aufbauen und sich proaktiv immer mehr Freiheiten nehmen: »Chef, ich habe schon mal eine erste Recherche durchgeführt, die wir für das Projekt brauchen. Jetzt können wir direkt starten.« Je öfter Sie aktiv mitdenken und selbstverständliche Aktionen schon einmal eigenständig durchführen, desto mehr vergrößert sich nach und nach Ihr Tanzbereich. Einfach aus dem Grund, dass Ihr Boss immer mehr Vertrauen in Ihre Mitarbeit fasst.

Was machen Sie jedoch, wenn Ihr Tanzbereich, zum Beispiel nach einem Führungswechsel, beschnitten wird? Dann gilt es, das Vertrauen neu aufzubauen. Wenn Sie sich vor Ihrem neuen Chef aufbauen und die magischen K.o.-Wörter »Das habe ich aber schon immer so gemacht!« sagen, bekommen Sie garantiert keine Tanzbereich-Vergrößerung. Ihre neue Führungskraft kennt doch Ihre Fähigkeiten und Erfahrungen noch gar nicht. Diese geht am Anfang selbstverständlich kein Risiko ein, da sie sich selbst noch auf der neuen Stelle beweisen muss. Deshalb: Arbeiten Sie am Vertrauen, zeigen Sie viel Eigeninitiative und stellen Sie Ihre Arbeit immer wieder von sich aus vor. Fragen Sie Ihre Führungskraft, ob das so in ihrem Sinn ist, oder wie sie es sich vorstellt. Und dann schaffen Sie gemeinsam mehr Freiraum für Sie. Es wird eine Entlastung für Ihre Führungskraft sein.

Vertanzt? Vom guten Umgang mit Fehlern

In meiner Zeit in der Finanzabteilung eines Unternehmens mussten wir jedes Jahr im Herbst eine Art Geschäftsbericht für den gesamten Konzern erstellen, mit allem, was dazugehört: Fünf-Jahres-Prognose, Report über die vergangenen zwei Jahre, gespickt mit allerlei wichtigen Kennzahlen. Kurzum: ein Riesenhaufen Arbeit. Nach der inhaltlichen Freigabe durch meinen Vorstand ging der Bericht nach Amerika zum »großen« Unternehmenspräsidenten. In diesem Jahr ging unser Zeitplan richtig gut auf, alle hatten sich ins Zeug gelegt und wochenlang Tag und Nacht gearbeitet, um das dicke Werk fertigzustellen. Der Kurier stand bereit, es fehlten nur noch der Ausdruck des Deckblattes und die Bindung. Geschafft! Hoch die Tassen!

Zwei Tage später zitierte mich mein Chef, der Finanzvorstand, in sein Büro. Das konnte für mich nur eins bedeuten: eine Prämie – schließlich hatten wir wie die Wahnsinnigen gearbeitet. Doch leider hatte ich mich zu früh gefreut. Mein Chef hielt mir das Zahlen-Buch vor die Nase und fragte: »Was ist hier falsch?« Ich war total irritiert. »Äh, weiß nicht, da müsste ich erst genauer recherchieren. Eigentlich müsste alles richtig sein ...«, stammelte ich verwirrt. Da fuhr er mich schon an: »Sie brauchen es ja noch nicht einmal aufzuschlagen! Was ist hier falsch?« Ich starrte hilflos bis panisch auf das blöde Buch. Plötzlich fiel es mir wie Schuppen von den Augen: Auf dem Deckblatt stand die falsche Jahreszahl! Wutschnaubend pfefferte mein Chef das Buch auf seinen Schreibtisch. Er selbst hatte einen dicken Anschiss aus Amerika bekommen.

Ich hatte auf dem letzten Meter der Erstellung einen groben Fehler gemacht, denn das Deckblatt hatte keiner mehr abgesegnet, da es erst ganz zum Schluss drauf kam. Der Unternehmenspräsident wollte dieses Buch, sozusagen vom Vorjahr, jetzt nicht mehr lesen und war stinksauer. Wir mussten ihm ein komplett neues korrigiertes Exemplar schicken, auch wenn nur das Deckblatt hätte ausgetauscht werden müssen. So sind sie halt manchmal…

Ich war wochenlang im Schock. Mann, war mir das peinlich! Ein paar Monate später habe ich das Thema noch mal offiziell bei meinem Vorstand angesprochen. Ich sagte, dass ich daraus gelernt hätte und von nun an entsprechende Checklisten führen würde. So etwas würde mir nie wieder passieren! Darauf erwiderte mein Chef etwas, was ich niemals vergessen werde: »Das glaube ich Ihnen nicht. Wir werden immer wieder mal einen Fehler machen. Ich habe auch sehr stark reagiert. Aber die Tatsache, dass Sie jetzt hier vor mir stehen, beweist mir, dass Sie einen Qualitätssprung gemacht haben. Und das ist es, worum es geht. Dass wir aus den Fehlern wirklich etwas lernen. Und das haben Sie getan. Und ich auch. Vielen Dank dafür.« Da war meine Welt wieder in Ordnung.

Checken Sie's schon?

Checklisten haben viele Vorteile: Man muss das Rad bei Routinearbeiten oder wiederkehrenden Aufgaben nicht jedes Mal neu erfinden. Bereits Erfasstes kann ergänzt werden. Mithilfe von Checklisten steigt die Qualität und die Fehlerquote wird gesenkt. Stress und enormer Zeitdruck sind heutzutage ein ständiger Begleiter im Arbeitsalltag. Auf diese Weise können sich schnell kleine, aber auch große Fehler einschleichen. Natürlich ist das äußerst unangenehm und sollte nicht vorkommen. Falls doch einmal ein Fehler passiert, nutzen Sie solche Situationen zukünftig als Lernchance. Betreiben Sie aktives Fehlermanagement und analysieren Sie den Vorfall:

- Warum ist das passiert?
- Wie ist es passiert?
- Was muss in Zukunft anders/besser gemacht werden, damit der gleiche Fehler nicht noch einmal passiert?

Sprechen Sie auch offen mit Ihrem Chef darüber und analysieren Sie mit ihm gemeinsam solche Vorfälle. Lag es an mangelnder Information, falsch eingeschätzter Situation, am Zeitdruck oder schlicht an fehlender Konzentration oder gar Schusseligkeit? Sensibilisieren Sie Ihren Chef für aktives Fehlermanagement, so lassen sich langfristig Fehler vermeiden. Dadurch, dass Sie Ihren Chef in diesen Prozess einbeziehen, sichern Sie sich seine Rückendeckung gegenüber dem Team oder anderen Abteilungen. Gleichzeitig zeigen Sie ihm damit, dass Sie Fehler ernst nehmen.

Wertschätzendes Miteinander

Beim Paartanz sind die Hände des Tanzpartners in Kontakt mit der Hand beziehungsweise dem Körper des anderen, um ein gutes Gespür und sicheren Halt zu haben und um dem Geführten durch sanften Druck zu signalisieren, wo es langgeht. Und so darf das auch im Job sein. Keine Sorge, Sie sollen jetzt nicht mit Ihrer Führungskraft Händchen halten. Da hört's dann doch auf. Das ist mal wieder nur im übertragenen Sinn gemeint.

- Eine Führungshand sollte voller Respekt, Vertrauen, Führung, Förderung, Anerkennung sein.
- Die Geführtenhand sollte voller Proaktivität, Engagement, Freude, Fleiß, Akzeptanz sein. Bei der Zusammenarbeit mit anderen gebe ich mir zum Beispiel ein Selbstversprechen dahingehend, was ich konkret umsetzen möchte. Was die anderen machen, müssen sie selbst wissen. Ich kann ein bisschen was steuern, ich kann ein bisschen was probieren, aber wenn die Hände so gar nicht zusammenpassen wollen, dann gibt es immer noch andere Möglichkeiten. Da bin ich flexibel. Warum Flexibilität immer wichtiger wird, erfahren Sie in Kapitel 3.

Jetzt werden Sie sagen: »Ja schön, habe ich verstanden, aber mein Boss weiß das doch nicht. *Ich halte mich ja an alles, aber er hat keine Ahnung davon.*« Stimmt. Da haben wir es wieder: Man kann nur sich selbst ändern, nie die anderen! Schade eigentlich, oder? Trotzdem lohnt es sich, wenn Sie anfangen, etwas bei sich zu verändern – und damit meine ich eher Ihre innere Haltung und Ihre Einstellung zu Ihrem Job oder Ihrer Führungskraft. Denn es besteht die Chance, dass sich dann in der Folge etwas im System ändert. Ihre Einstellung ist Ihre Macht. Wenn die Führungskraft und der Mitarbeiter sich im übertragenen Sinn die Hand geben und eine Zusammenarbeit vertraglich besiegeln, dann sollte dies auf beiden Seiten ernst genommen werden. Denn wenn diese beiden Hände ineinandergreifen und gut zusammenarbeiten, kann eigentlich nichts mehr passieren – außer dass sich beiderseitige Zufriedenheit einstellt.

Auf die Aufforderung kommt es an!

Ja, die meisten von uns wollen rocken. Aber nicht mit jedem und nicht einfach so. Spaß soll es bringen – und zwar richtig! Das passiert im Job immer dann, wenn wir aktiv unsere Kompetenz einbringen dürfen, wenn wir Prozesse unterstützen können und Verantwortung übernehmen dürfen. Ja, wir lassen uns gern etwas sagen, wir lassen uns führen – aber nur wenn wir im Gegenzug ernst genommen werden und unsere Stärken und unser Potenzial gefragt sind.

Wenn Ihr Boss Sie nicht ordentlich führt, dann tun Sie es ab sofort! Denn wenn Sie auf Dauer nicht selbstbestimmt handeln und arbeiten können, verlieren Sie Ihre Motivation, Ihr Selbstwertgefühl, Ihre Leidenschaft und somit auch den Spaß an der Arbeit.

Sie sollten jedoch nur unterstützen, wenn es nötig ist, denn Sie möchten die Führung ja nicht voll übernehmen. Sie unterstützen und greifen korrigierend ein, bis die Führungskraft die Führung wieder selbst übernimmt, denn dies ist ja kein Chef-Hasser-Buch. Ganz im Gegenteil: Dies ist ein Boss-Möger-Buch. Trotzdem sollten Sie mit einem Augenzwinkern sagen können: »Mein Chef führt mich dorthin, wohin *ich* möchte!«

Kennen Sie eigentlich den Begriff »Cheffing«? Ehrlich gesagt kannte ich diesen Ausdruck lange nicht. Cheffing bedeutet ursprünglich »Führung von unten«. Ich setze jedoch noch einen drauf und sage: Weder die Führung von oben noch die Führung von unten ist optimal. Ich denke, dass eine ergänzende Führung perfekt ist. Die meisten Mitarbeiter möchten zwar geführt werden und eine klare Orientierung am Arbeitsplatz vorfinden, denn das bringt Sicherheit. Gleichzeitig möchten sie ihr Know-how und ihre Erfahrungen in vollem Umfang einbringen und mit ihrem Boss als Team zusammenarbeiten. Wie beim Tanzen: Gemeinsam wird es bahnbrechend. Schade, dass so viele Unternehmen dieses Potenzial nicht nutzen!

Denken Sie immer daran: Sie entscheiden, mit wem Sie tanzen! Sie entscheiden, welchen Tanz Sie tanzen! Sie entscheiden, ob Ihr Boss mit Ihnen gegen den Pfeiler tanzt – oder ob Sie rechtzeitig gegensteuern.

Dance with the Boss –
Die acht Grundschritte

Es gibt drei Arten von Chefs. Die Guten, die Motivierten und die große Mehrheit.

So ist es beim Tanzen
Auf einer Tanzfläche haben Sie viele Möglichkeiten sich auszudrücken. Sie können sich nur leicht bewegen oder einen exzentrischen Ausdruckstanz aufführen. Zudem haben Sie freie Standortwahl: Sie können sich direkt in die Mitte stellen oder sich eher dezent am Rand aufhalten. Sie können Standardtänze tanzen, lateinamerikanische Tänze wagen oder Ihren ganz eigenen Tanzstil zur Schau stellen. In jedem Fall ist Tanzen ein Ausdruck Ihrer Emotionen – sofern Sie es zulassen: Sie bewegen Ihren Körper. Sie lassen sich von der Musik verzaubern und verführen. Sie können Ihre Arme und Beine nicht mehr stillhalten, Sie bewegen sich fast automatisch im Rhythmus. Sie werden von der Musik getragen und können loslassen. Sie tanzen erfüllt alleine oder mit einem Partner. Sie fassen sich zart an den Händen, liegen sich vertrauensvoll in den Armen oder haben eine gute Distanz zwischen sich. Wenn es eines gibt, was Sie können, dann ist es Tanzen. Und zwar so, wie es Ihnen gefällt. Das Leben ist ein Tanz! Es liegt an Ihnen, was Sie daraus machen. Genießen Sie es!

So ist es im Job
Die meisten Menschen empfinden Arbeiten nicht als Spaß, sondern als höchst lästig. »Ich will die Arbeit einfach nur hinter mich bringen«, hört man oft. Das klingt jetzt nicht ganz so sexy wie »Die Arbeit ist ein Tanz«, oder? Ich möchte Sie jedoch ermutigen, sich wohlzufühlen. Wenn Ihnen im Moment bei der Arbeit so gar nicht nach Tanzen zumute ist und der Spaß ein dickes Loch hat, tun Sie etwas dagegen! Werden Sie aktiv, finden Sie heraus, was den Spaß- und Wohlfühlfaktor erhöhen könnte. Fragen Sie sich, was Sie zufriedener macht. Keiner hat behauptet, dass das Leben eine

einzige Party sein muss. Nicht jeder ist ein John Travolta. Sobald Sie Zufriedenheit spüren, ist alles in Ordnung. Dann brauchen Sie nichts weiter zu verändern. Doch wenn Sie einen gewissen Leidensdruck verspüren oder Sie sich weiterentwickeln möchten, dann suchen Sie sich Unterstützung und ändern Sie etwas!

Tanzschritt 1: Respektiere: Er ist der Boss!

Er (oder sie) ist der Boss, das müssen Sie als Erstes akzeptieren und respektieren. Er hat das Sagen. Er ist der Geldgeber. Er hat die »Macht«. Das ist durch die Hierarchie in Unternehmen vorgegeben und daran ist auch nicht zu rütteln. Wer sich dem nicht unterordnen kann, ist in Organisationen falsch und sollte sich vielleicht lieber selbstständig machen. Wenn Sie Ihren Boss nicht mögen, sollten Sie nicht mit ihm tanzen! Eine grundlegende Sympathie sollte zumindest vorhanden sein. Es ist doch schön, seine Führungskraft wertschätzen und anerkennen zu können. Und Sie dürfen erwarten, dass Ihr Boss zumindest eine Grundhöflichkeit an den Tag legt. So viel Zeit muss sein. Am besten ist es natürlich, wenn Sie auf einer Wellenlänge sind und sich gegenseitig respektieren.

Jeder Mensch hat Respekt verdient – Mitarbeiter ebenso wie Führungskräfte. Doch wie können wir andere Menschen wertschätzen und anerkennen, wenn wir selbst unzufrieden und daher mehr mit uns selbst und unseren Lebensumständen beschäftigt sind? In diesem Fall ist es mitunter schwer, anderen Menschen Aufmerksamkeit zu schenken und aktiv auf sie Rücksicht zu nehmen.

Sicher kennen Sie den Spruch: »Wie du in den Wald hineinrufst, so schallt es heraus.« Diese Weisheit zu nutzen ist sinnvoll, denn ab diesem Moment gehen Sie in die Führung: Sie leben etwas vor. Und in der Regel bekommen Sie Entsprechendes zurück. Nicht immer sofort und nicht bei jedem, aber meistens. Wenn Sie fröhlich, nett und freundlich sind, ernten Sie meistens entsprechende Reaktionen. Wenn Sie mies gelaunt, unfreundlich und patzig sind, dürfen Sie sich nicht wundern, wenn andere mit Ihnen auch so umspringen. Das nennt man Resonanz, was nichts anderes heißt als: Gleiches zieht Gleiches an. Sie sind also der Bestimmer Ihrer eigenen »Respekt-Ernte«. Wenn Sie zum Beispiel aufmerksam im Kollegenkreis sind und zurückhaltende Kollegen miteinbeziehen, ernten Sie dafür Respekt. Wenn Sie zu Führungskräften oder Kollegen freundlich sind, auch wenn Sie sie nicht sonderlich mögen, ernten Sie Respekt. Kurzum: Wenn Sie andere Menschen respektieren, ernten Sie früher oder später ebenfalls Wertschätzung und Respekt.

Aber auch andersherum ist Respekt wichtig. Wenn Ihre Führungskraft Sie nicht als Mensch, sondern nur als Befehlsempfänger oder Maschine wahrnimmt, hat das etwas mit Respektlosigkeit zu tun. Wenn Sie von Ihrer Führungskraft fachlich nicht respektiert werden, sollten Sie sich Respekt verschaffen, zum Beispiel indem Sie Eigen-PR betreiben (siehe Kapitel 2).

Fünf Tipps für ein harmonisches, respektvolles Miteinander

1. Die Grundvoraussetzung für Respekt sind Akzeptanz und Toleranz. Je würdevoller Sie mit sich selbst und anderen umgehen, desto mehr Anerkennung erhalten Sie. Je stärker Sie andere Menschen wertschätzen und so behandeln, wie Sie selbst behandelt werden möchten, desto höher ist die Wahrscheinlichkeit, dass es ebenso zurückkommt. Hier gehen Sie in Vorleistung.

2. Nehmen Sie Ihre Führungskraft ernst und hören Sie aufmerksam zu. Was hat sie Ihnen zu sagen? Drücken Sie Ihre Reaktionen und Empfindungen in Ich-Botschaften aus (siehe Kapitel 1).

3. Das Leben ist schön, bunt und voller Vielfalt. Nehmen Sie es auch so wahr und erfreuen Sie sich daran. Auch an Ihrem Arbeitsplatz. Im Notfall hilft mein täglicher Bürospruch: »Nicht ärgern – nur wundern.« Tolerieren Sie Fehler – die von anderen ebenso wie Ihre eigenen. So lastet weniger Druck auf allen.

4. Wenn trotz aller Vorleistung nichts zurückkommt, können Sie das Gespräch suchen. »Ich habe manchmal das Gefühl, dass Sie nicht zu-

frieden sind mit meiner Arbeit. Ist das so?« So kommen Sie ins Gespräch. Stellen Sie viele Fragen. Fragen sind immer gut!

5. Wenn Ihnen nach all Ihren Bemühungen immer noch zu wenig Respekt gezollt wird, dann erinnern Sie sich an diesen ersten Tanzschritt: »Respektiere: Er ist der Boss!« Und dann entscheiden Sie: Kann ich damit leben und tanze hier weiter oder wechsle ich den Tanzpartner?

Tanzschritt 2: Einen gemeinsamen Rhythmus finden

Sie können nur dafür Sorge tragen, dass Sie Ihren eigenen Teil erfüllen, denn Sie können zwar sich selbst, jedoch nicht andere Menschen ändern (aber Sie können sie sanft führen). Wenn Sie sich auf jemanden einstellen, brauchen Sie Einfühlungsvermögen, Intuition und eine gute Beobachtungsgabe. Manchmal könnten ein siebter Sinn, das dritte Auge und eine Hellseherausbildung auch nicht schaden … Spaß beiseite, jeder Mensch – auch eine Führungskraft – tickt anders, und das ist auch gut so. So betrachtet jeder die Arbeitswelt aus seiner individuellen Perspektive. Und unterschiedliche Perspektiven schaffen viele neue Möglichkeiten. Beim Tanzen sind Sie ebenso wie bei der Zusammenarbeit aufeinander angewiesen und müssen sich irgendwie in Einklang bringen.

Wie kann das gelingen? Indem Sie auf den anderen hören. Indem Sie den anderen wahrnehmen. Das erwarten Sie doch umgekehrt von Ihrem Gegenüber auch. Fragen Sie sich also: Was für ein Typ Mensch ist mein (neuer) Boss? Wie arbeitet er? Was ist ihm wichtig? Welche Werte lebt er? Wo legt er Schwerpunkte? Lernen Sie ihn kennen, lassen Sie sich auf ihn ein. Wenn Sie das alles erst einmal herausgefunden haben, haben Sie schon viel gewonnen.

Tanzschritt 3: Defizite unauffällig ausgleichen

Jeder Mensch macht Fehler, manchmal vertanzt man sich eben, aus Versehen oder regelmäßig. Wie geht man auf der Tanzfläche damit um? Man übergeht es, gleicht es aus oder steuert gegen. In den seltensten

Fällen regen sich die Tanzpartner über einen Fehltritt lautstark auf und brechen mitten auf der Tanzfläche einen heftigen Streit vom Zaun. Im Gegenteil, sie tanzen einfach weiter und tun so, als wäre nichts gewesen. Verstehen Sie mich nicht falsch. Das soll nicht heißen, dass Sie jeden Bockmist Ihres Vorgesetzten deckeln und unter den Teppich kehren sollten, ganz bestimmt nicht. Doch zu einem Team gehören immer mindestens zwei Personen, und die können sich gegenseitig guttun und die Schwächen des anderen (unauffällig) ausgleichen. Häufen sich allerdings die Fehler oder werden sie zu offensichtlich, sollten Sie dies durchaus ansprechen. Schließlich gehört es zu Ihrem Job, den Chef aktiv zu unterstützen. Das schließt auch den Hinweis auf seine Unvollkommenheit ein.

Unvollkommenheit ist ein schönes Wort. Wir müssen und können nicht vollkommen sein. Niemand ist perfekt, auch Ihr Boss nicht. Er verschwitzt ab und zu wichtige Termine? Er kommt ständig zu spät zu Meetings? Für viele Chef-Stolperer gibt es eine passende Lösung, die Sie in Takt 3 nachlesen können.

Eben dafür ist unter anderem ein Team da: um Defizite auszugleichen und stärkenorientiert zusammenzuarbeiten. Um Ihren Boss wirkungsvoll zu entlasten, brauchen Sie allerdings so einiges an Voraussetzungen, wie zum Beispiel Erfahrungen und Kenntnisse. Wenn die Schritte bei Ihnen selbst noch nicht richtig sitzen, können Sie auch keine Fehler ausbügeln oder vermeiden. Sie sollten zusätzlich unternehmerische Zusammenhänge verstehen, gut kommunizieren können und fachlich auf dem aktuellsten Stand sein. Wenn Sie kleinere Fehler und Defizite charmant ausgleichen wollen, sollten Sie sich in erster Linie mit den Problemen der Vorgesetzten und Führungskräfte auseinandersetzen. Wenn Sie diese kennen, können Sie eine entsprechende Dienstleistung erbringen. Dann gilt: Ihr Boss kann sich hundertprozentig auf sie verlassen. Und genau so, wie Sie die kleinen Unzulänglichkeiten Ihrer Organisation nach innen und nach außen ausgleichen, sollte das die Führungskraft im Gegenzug auch bei Ihnen tun.

Tanzschritt 4: Feedback und Lob verteilen

Unser Leben lang sind wir darauf konditioniert worden, unsere Schwächen auszumerzen – in der Schule, in der Ausbildung, im Studium, in der Erziehung, im Job. »Du bist immer so vorlaut«, »Du kannst nicht rechnen«, »Du bist für diesen Job ungeeignet« et cetera. Es wird zu wenig darüber geredet, was man gut gemacht hat oder gut kann. In der Fahrprüfung hat man mir gesagt, ich würde so vorbildlich auf die Fußgänger achten – und raten Sie mal, was ich heute noch mache? Bis jetzt haben alle Fußgänger in meiner Nähe überlebt! Positive Bestärkung nennt man das. Oder auch: Lernen durch positive Verstärkung.

Sicher besteht ein Zusammenhang zwischen Mangel an Lob und fehlender Motivation. Bei Fehlern wird gemeckert und gemosert, aber ein Dankeschön für den Abschluss eines schwierigen Projekts oder für die Loyalität der Mitarbeiter in einer schwierigen Phase, zum Beispiel in einer Umsatzkrise des Unternehmens, gibt es definitiv zu selten.

Forscher der Freien Universität Berlin haben herausgefunden, dass das menschliche Gehirn auf Lob aktiv reagiert, sogar bei einer virtuellen Bestätigung. Es ist der Nucleus accumbens, der auf Belohnungen entsprechend anspricht. Die Wissenschaftler registrierten die Gehirnströme von 31 Probanden.[5] Bei einer positiven virtuellen Bewertung, zum Beispiel bei Facebook, strahlte das Ego und das war sogar messbar. Je mehr Lob wir also bekommen, desto stärker aktiviert es den Nucleus accumbens.

Wenn wir Lob, Wertschätzung und Anerkennung *erwarten*, bedeutet das, dass wir eine Erwartungshaltung haben. Jeder wartet also so vor sich hin, und wartet und wartet und wartet. Und wenn sie nicht gestorben sind … Sie sehen: Von alleine passiert in der Regel wenig. Also, auch hier nehmen Sie die Führung selbst in die Hand und fangen an, Feedback zu geben: Was war gut am Verhalten Ihrer Führungskraft? Was war gut an der Situation? Was war gut an dieser Arbeit? Natürlich sollten Sie sich nicht darauf ausruhen, denn Sie wollen ja besser werden und dazulernen.

---

5 *Hamburger Abendblatt*, Ausgabe vom 3. September 2013

Das Wichtigste am Feedback ist, sich das Einverständnis des anderen einzuholen: »Wenn Sie einverstanden sind, würde ich Ihnen dazu gern ein Feedback geben.« Feedback sollte nur dann gegeben werden, wenn es hilfreich ist, in der Zukunft eine Verbesserung zu bewirken.

Achten Sie mal darauf, was mit Menschen passiert, die Sie loben, oder was ein Lob bei Ihnen auslöst. Ein Lob löst immer positive, wohlige Emotionen aus. Der Gelobte fühlt sich geschmeichelt, mancher sogar so sehr, dass er sich verstohlen eine Träne der Rührung aus dem Augenwinkel wischen muss. Sie kennen das selbst: Wenn Sie über den grünen Klee gelobt werden, ist das ein ungewohntes Gefühl und nur begrenzt aushaltbar. Manchmal stellt man selbst reflexhaft die Ernsthaftigkeit des Lobs infrage. Wie schade! Die Kraft von Emotionen ist ein unglaublicher Motor, den Sie nutzen sollten. Das gibt frische Energie, und Energie hilft dabei, dass Umstände oder Situationen leichter werden. Wer lobt, erleichtert den anderen und gibt ihm ein Wohlgefühl. Sich wohlfühlen bei der Arbeit ist eine Grundvoraussetzung für Zufriedenheit. Also, immer schön »Lobkärtchen« austeilen!

Doch auch Sie selbst geben sich jeden Tag so viel Mühe, wollen alles gut und richtig machen und Ihre Aufgaben erfüllen. Loben Sie sich selbst, das ist durchaus erlaubt (von wegen Eigenlob stinkt!). Das haben Sie sich verdient!

Erwarten Sie jedoch von den anderen keine La-Ola-Welle, nur weil sie wieder einmal freiwillig die Team-Geschirrspülmaschine ausgeräumt haben, obwohl das »eigentlich« gar nicht zu Ihren Aufgaben gehört.

Wenn trotz aller »Vorkasse« immer noch nichts zurückkommt, fordern Sie Feedback und auch Lob direkt ein. Sprechen Sie offen und stellen Sie zum Beispiel folgende Fragen: »Chef, wir haben dieses Projekt jetzt einen großen Schritt vorangetrieben. Es gab folgende nicht unwesentliche Herausforderungen dabei ... Jetzt ist die Situation so, dass wir unmittelbar vor dem Abschluss stehen. Haben wir das gut gemacht?« Oder Sie sagen direkt zu Ihrer Führungskraft: »Ich habe viele gute Ratschläge von Ihnen bekommen, wie ich etwas besser machen kann, die ich auch umsetze. Ich wünsche mir allerdings auch ab und zu ein Lob von Ihnen. Gibt es etwas, womit Sie zufrieden sind? Was gefällt Ihnen gut an meiner Arbeit?« Dass Sie das in einer freundlichen Tonlage sagen, ist selbstverständlich. Sobald ein Schuss Ironie dabei ist, verpufft der Wille beim Chef. Möchten Sie konstruktives Feedback von Ihrer Führungskraft, fordern Sie diese ebenfalls ein, indem Sie zum Beispiel sagen: »Chef, ich habe gesehen, dass einiges in letzter Zeit nicht richtig rund lief und Sie nicht zufrieden sind. Ich würde mich gern in Ruhe mal mit Ihnen darüber unterhalten, damit ich mich weiterentwickeln kann.« Und nicht vergessen: Lob und positives Feedback erhalten Sie nur dann, wenn es einen Grund dafür gibt, den Sie vorher schon liefern müssen!

Tanzschritt 5: Kommunizieren mit dem Boss

Reden, reden und nochmals reden! Das ist einer der wichtigsten Tipps in diesem Buch. Reden hilft immer. Ob in der Ehe, bei der Arbeit, mit Kindern oder mit den Nachbarn. Reden verhindert Konflikte. Gut, manchmal bringt es auch erst den Zündstoff für Konflikte, aber wie Sie bei der Konfliktlösung vorgehen, haben Sie in Kapitel 1 bereits erfahren. An dieser Stelle soll es um die positiven Auswirkungen der Konversation gehen.

Nur wenn wir reden, bleiben wir in Kontakt miteinander. Reden ist allerdings nur ein Aspekt von Kommunikation. Sie muss nicht immer direkt erfolgen. Grundsätzlich findet Kommunikation auf zwei Weisen statt: verbal und nonverbal. Verbale Kommunikation ist ein Gespräch oder Dialog mit Worten zwischen Menschen, aufbauend auf Gesprächsinhalt, Tonalität, Sprachgeschwindigkeit und Wortwahl. Die nonverbale Kommunikation ist der Dialog auf Basis der Körpersprache und des Verhaltens, aufbauend auf Körperhaltung, Bewegung, Beweglichkeit, Blick, Gestik, Mimik und Atmung. So, und jetzt kommt der Hammer: Nur 20 Prozent unserer Informationswiedergabe findet verbal statt und satte 80 Prozent nonverbal, sagt der Bekannte Pantomime Samy Molcho. Das erklärt, warum es manchmal eine so große Diskrepanz zwischen dem Gesagten und dem Wahrgenommenen gibt.

Für mehr Verständnis – Die drei Schritte der Kommunikation

1. Gesagt ist noch lange nicht gehört!
Der erste Schritt der Kommunikation beginnt mit der Äußerung einer Mitteilung. Dabei ist darauf zu achten, dass Ihr Boss auch tatsächlich hört, was Sie ihm mitteilen wollen. Aufmerksamkeit ist eine wichtige Grundvoraussetzung.

2. Gehört ist noch lange nicht verstanden!
Der zweite Kommunikationsschritt beginnt damit, dass Ihr Gegenüber zwar vernommen hat, was Sie ihm mitteilen wollten. Damit geht jedoch nicht automatisch einher, dass er auch tatsächlich *verstanden* hat, was Sie ihm gerade mitgeteilt haben. Vielleicht liegt ein Missverständnis vor, oder Ihre Führungskraft war gerade mit den Gedanken woanders. Im Normalfall gibt ein Gesprächspartner dem anderen eine Rückmeldung, die anzeigt, dass er verstanden oder nicht verstanden hat, was der andere sagen wollte: nicken, grunzen, zucken … irgendeine Reaktion. Oft auch verbunden mit einer Gegenfrage.

3. Verstanden ist noch lange nicht einverstanden!
Ihr Gegenüber hat Sie nun gehört und verstanden, was Sie ihm mitteilen wollten. Nun folgt noch der dritte Kommunikationsschritt. Sie wollen ja, dass Ihr Gegenüber dem Gesagten möglichst zustimmt. Nur davon können Sie (leider) nicht automatisch ausgehen, also muss da noch mehr »Butter bei die Fische«, um überzeugend zu sein.

Jede Kommunikation erfolgt auf der Inhaltsebene (rational, Austausch sachlicher Informationen) und auf der Beziehungsebene (emotional, bewusste und unbewusste Wahrnehmung von Gefühlen). Alle Informationen, die wir über die Kommunikation aufgenommen haben, werden gespeichert und beeinflussen das bewusste und unbewusste Verhalten. Der echte, offene Dialog ist vom menschlichen Verhalten abhängig, von den Vorstellungen und Meinungen, die Personen voneinander haben oder zu haben glauben.

Kommunikationsstörungen und aktives Zuhören

Nach Friedemann Schulz von Thun (seines Zeichens Psychologe und Kommunikationswissenschaftler) »verschickt« jeder Sender eine Nachricht, die aus vier Seiten besteht. Dadurch ist die Botschaft mehrfach kodiert, also verschlüsselt. Es liegt in der Hand des Empfängers, die Codes zu entschlüsseln, sie zu interpretieren und entsprechend seiner Kenntnisse, Erwartungen, Beziehung und weiterer Faktoren darauf zu reagieren.

Der Empfänger braucht für die Entschlüsselung der Botschaft »vier Ohren«, so Schulz von Thun: Ein Ohr hört nur den Sachgehalt der Nachricht, die anderen drei Ohren nehmen die nonverbal übermittelten Signale auf und versuchen, sie zu interpretieren. Wie man sich vorstellen kann, können hier Kommunikationsstörungen entstehen, weil es dem Empfänger freisteht, ob und wie er auf welche Seite der Nachricht reagiert. Die Botschaft der Nachricht entsteht also erst beim Empfänger. Je mehr Interpretationsspielraum der Sender dem Empfänger lässt, desto mehr Fehlinterpretationen oder Missverständnisse können entstehen.

Aktives Zuhören ist die gefühlsbetonte Reaktion des Empfängers auf die Botschaft des Senders. Carl Rogers, ein amerikanischer Psychologe, hat das aktive Zuhören erstmals als Werkzeug in seiner Gesprächstherapie beschrieben. Im Wesentlichen sind es nach Rogers drei Annahmen, die in der nonverbalen Gesprächsführung zur Anwendung kommen:

- empathische und offene Grundhaltung,
- authentisches und kongruentes Auftreten,
- Akzeptanz und bedingungslose positive Beachtung der anderen Person.

Bleiben (oder kommen) Sie in Kontakt mit Ihrer Führungskraft. Schaffen Sie Gesprächssituationen. Bringen Sie sich ein. Stellen Sie Fragen. Hauptsache, Sie wissen voneinander und hören einander aufmerksam zu. So vermeiden Sie Missverständnisse, Fehlinterpretationen und viele Konflikte – und es wird Ihnen leichter fallen, Ihre Führungskraft taktvoll zu führen, weil Sie sie besser kennen und einschätzen können.

Tanzschritt 6: Eigene Forderungen stellen

Kommen wir zum wichtigsten Tanzschritt und – wie ich finde – zum schwersten von allen, denn er verlangt Ihnen Mut und Risikobereitschaft ab: klar zu sagen, was man möchte. *Dance with the Boss* heißt nämlich auch, mutig in die Auseinandersetzung zu gehen und Dinge, die Ihnen wichtig sind, einzufordern. Oft fehlt es hier an Courage. Ich weiß das deshalb so genau, weil ich es selbst oft genug nicht geschafft habe. Wie gerne hätte ich meinen Chefs klipp und klar gesagt, dass ich mich ungerecht behandelt fühle. Wie gerne hätte ich offen ausgesprochen, dass einige Kollegen manchmal ein unfaires Spiel spielen. Wie gerne hätte ich zum Ausdruck gebracht, wie sehr ich mir mehr Unterstützung wünsche. Doch ich habe mich schlichtweg nicht getraut. Ich wollte mir nicht zu viel »Raum nehmen« oder hatte Angst vor den Konsequenzen.

Heute weiß ich: Wer nicht kommuniziert, was er möchte, der bekommt es auch nicht. Ganz einfache Regel. Doch wie zur Hölle bekommt man das hin, ohne vorlaut, egoistisch und unangemessen zu wirken? Ganz einfach: Indem man seine Forderungen mit klaren und überzeugenden Argumenten unterfüttert.

Es geht ja nicht darum, beinhart etwas durchzusetzen. Es geht auch nicht darum, die Führungskraft auszusaugen, ihr etwas abzuschwatzen oder die Kollegen anzuschwärzen. Es geht darum, etwas zu bekommen, was Sie in Ihrem Job besser macht und wodurch Sie wiederum mehr Wert für das Unternehmen schöpfen. Manchmal geht es aber auch um mehr Gerechtigkeit: Überlastungen in den Griff bekommen, Probleme lösen, Konflikte aus der Welt schaffen et cetera.

Es ist vollkommen in Ordnung, wenn Sie Dinge einfordern. Ihr Boss kann nicht hellsehen – Sie müssen ihm schon selbst klarmachen, was Sie brauchen. Aber bitte auf nette Art und Weise, taktvoll eben. Sie wissen ja: Wie man in den Wald ruft …

In zehn Schritten eigene Forderungen stellen

1. Sie wissen, was Sie wollen: Sie kommen beispielsweise zu dem Schluss, dass Sie eine Weiterbildung brauchen.

2. Bevor Sie zum Chef gehen, formulieren Sie Ihren Wunsch oder Ihr Ziel in einem klaren Satz: Überlegen Sie sich, welche Weiterbildung Sie beruflich voranbringt und fassen Sie Ihren Wunsch in Worte – kurz und knapp.

3. Üben Sie Ihre Wunschformulierung ein (am besten zu Hause): Erzählen Sie Ihrer Familie oder im Freundeskreis von Ihren Weiterbildungsplänen und sprechen Sie schon einmal darüber. Das hilft Ihnen dabei, sicherer in Ihrer Forderung zu werden und Sie können leichter Argumente sammeln.

4. Holen Sie umfangreiche Informationen über das entsprechende Seminar-Thema ein: Recherchieren Sie, welche Weiterbildungen infrage kämen. Hat Ihre Firma vielleicht ein Angebot im eigenen Seminar-Campus? Wie teuer ist so eine Fortbildung? Welche Alternativen gibt es?

5. Sammeln Sie Argumente und benennen Sie die Vorteile: Welche Vorteile bringt diese Weiterbildung für Ihre Führungskraft, Ihre Abteilung, Ihr Unternehmen und Sie selbst? Was können Sie danach besser? Was verändert sich dadurch?

6. Benennen Sie die Nachteile: Welche Nachteile entstehen, wenn Sie an dieser Fortbildung teilnehmen, für Ihre Führungskraft, Ihre Abteilung, für Ihr Unternehmen und für Sie selbst? Bereiten Sie sich gut darauf vor. So nehmen Sie Ihrem Chef schon von vornherein den Wind aus den Segeln und er merkt, dass Sie an alles gedacht haben.

7. Bereiten Sie Zahlen, Daten, Fakten (ZDF) vor: Eine Aufstellung der wichtigsten Zahlen, Daten und Fakten macht die Dinge klarer und hilft Ihnen bei der Argumentation. (Fahrtkosten, Hotelkosten, Seminarkosten, Vertretungsregelung).

8. Warten Sie einen günstigen Zeitpunkt ab und tun Sie es! Wenn Ihr Chef gerade unter Hochdruck an der Präsentation arbeitet, die er gleich dem Geschäftsführer präsentieren muss, ist es definitiv der falsche Zeitpunkt. Wann hat er gute Laune? Wann ist er entspannt und aufnahmefähig für Ihr Anliegen? Vereinbaren Sie einen Termin.

9. Bereiten Sie Ihre Forderung schriftlich vor: Erstellen Sie eine Entscheidungsvorlage, die Sie der Führungskraft nach Ihrem Gespräch mitgeben können. So steht das Gesagte auf einem (!) Blatt Papier und muss irgendwie »verarbeitet« werden. Gespräche können hingegen schnell in Vergessenheit geraten. Darüber hinaus hat Ihr Boss selbst alle Argumente noch einmal parat, falls er Ihre Forderung an die Personalabteilung oder an seinen Vorgesetzten weitergeben muss. Fragen Sie, wann Sie mit einer Antwort rechnen können.

10. Geben Sie ein Feedback (was war bisher gut, warum fühlen Sie sich wohl, was macht Ihre Führungskraft gut und richtig) und einen Ausblick: Erläutern Sie, warum Sie sich in der Abteilung oder im Unternehmen wohlfühlen. Was gefällt Ihnen bereits? Bestärken Sie Ihre Position und Ihre Ziele, die Sie bestenfalls im Mitarbeitergespräch vereinbart haben. Erwähnen Sie aber auch, was Sie gut können und warum Sie das weiter ausbauen möchten.

Besonders wichtig ist mir, dass Ihnen klar wird, dass Sie sich in Ihrem Beruf, wenn es um inhaltliche Dinge geht, überwiegend auf der Sachebene bewegen. Ich habe oft beobachtet, dass Menschen sich schnell abgewertet fühlen und persönlich gekränkt sind, wenn es eine Ablehnung gibt. Ich selbst schließe mich da nicht aus. Wie oft habe ich zum Beispiel Kritik persönlich genommen, obwohl sie sich ausschließlich auf meine Arbeitsweise bezogen hat. Manchmal ist es nicht leicht, das zu unterscheiden, doch die Trennung zwischen Business und Person ist wichtig, denn hier geht es nur um Ihre Dienstleistung.

Vorbereitung ist das A und O, wenn Sie bei Ihrem Boss etwas für sich einfordern wollen. Machen Sie sich bewusst, worum es Ihnen geht, was Ihnen wichtig ist und was Sie im Gespräch erreichen möchten. Überlegen Sie, welche Killerargumente Ihr Boss vorbringen wird. Versetzen

Sie sich dazu in seine Lage: Welche Einwände würden Sie an seiner Stelle bringen und wie lassen sich diese argumentativ entkräften? Lassen Sie Ihren Chef unbedingt ausreden und hören Sie ihm aufmerksam zu.

Bleiben Sie ruhig, egal wie er reagiert, und lassen Sie sich auf keinen Fall in die Rechtfertigungsecke drängen, da kommen Sie nämlich nur ganz schwer wieder raus. Verlassen Sie sich auf Ihre stichhaltigen Argumente und Ihre gute Vorbereitung. Verkneifen Sie sich Vorwürfe oder Beschuldigungen, das ist nicht zielführend. Bleiben Sie besser sachlich. Stellen Sie fest, worin Sie sich beide einig sind. Fassen Sie das Gespräch am Ende noch einmal zusammen und lassen Sie es sich bestätigen. Wenn Ihre Führungskraft kategorisch ablehnt, dann fragen Sie ihn nach Alternativen. Sie wissen schon: ich bin ein Fan von Fragen! »Was schlagen Sie mir vor?« Dabei gilt immer: Der Ton macht die Musik! Damit ist die Art und Weise gemeint, wie ein Sender seine Botschaften übermittelt. Wählen Sie also die richtige Tonalität in Ihren Botschaften und gehen Sie auf den Empfänger ein, sodass Ihnen Ihre Führungskraft gern zuhört, sie sich ernst genommen fühlt und ihre Intelligenz und Kenntnisse respektiert werden. Aber vergessen Sie Ihre Botschaft nicht!

Das hört sich nach einer Menge Vorbereitung an und das stimmt. Aber dadurch ist die Wahrscheinlichkeit deutlich höher eine gute Weiterbildung zu bekommen, als ohne. Ich wünsche Ihnen viel Erfolg dabei, Ihre Anliegen bei Ihrer Führungskraft anzusprechen. Es bedarf viel Mut und Ehrlichkeit, um offen über alles sprechen zu können. Nicht jede Führungskraft fördert dies. Doch auch mit diesem Tanzschritt kommen Sie Ihrer Zufriedenheit und dem taktvollen Führen einen großen Schritt näher. Seien Sie mutiger!

Tanzschritt 7: Nicht bei jedem Song mittanzen

Egal in welcher Lebens- oder Arbeitssituation Sie sich befinden, Sie allein bestimmen über Ihr Leben. Sie dürfen auch »Nein« sagen! Ich weiß schon, dass einige von Ihnen jetzt vielleicht sagen, dass sie definitiv keine Wahl haben, da sie sich in schwierigen Verhältnissen befinden. Das glaube ich Ihnen durchaus. Nichtsdestotrotz denke ich: Sie haben die Wahl. Und zwar, wenn Sie sich trauen, etwas globaler und größer zu denken. Das bedeutet nicht, dass Sie unrealistische Wünsche haben sollten. Wenn Sie jedoch in Situationen oder Umständen sind, die Ihnen nicht guttun, in denen Sie nicht aufblühen können und Ihr Potenzial nicht entfalten können, finden Sie es in Ihrer jetzigen Arbeitsumgebung oder suchen Sie sich etwas Neues. Nur Sie selbst können das entscheiden, wie groß Ihr Leidensdruck werden darf, bevor Sie die Tanzfläche verlassen. Falls Sie sich jetzt entschieden haben, dass es Ihnen reicht und dass alles nun anders werden muss, beachten Sie bitte dabei: Auch hier macht der Ton die Musik. Wenn Sie Ihrem Boss morgen früh ein theatralisches »Nein, nicht mit mir! Das mache ich nicht mehr mit!« um die Ohren schmettern, kommt das wahrscheinlich nicht gut an. Gehen Sie diplomatischer an die Sache heran.

Ich habe oft beobachtet (auch bei mir selbst), dass Mitarbeiter in ihrem Job Verantwortung und Entscheidungen übernehmen, die sie »eigentlich« gar nicht übernehmen brauchen. Sie haben zum Beispiel extrem viel Arbeit und fangen an, die Arbeit mit nach Hause zu nehmen, damit Sie das Pensum schaffen? Sie schlafen schlecht, es belastet Sie, und Ihre Laune gleicht immer mehr einem wütenden und schnaubenden Stier? Dann wird es höchste Zeit, das anzusprechen. Dafür haben sie Vorgesetzte, die das regeln sollten. Fragen Sie also viel öfter nach. Sie müssen nicht selbst entscheiden, wenn es nicht in Ihrem Verantwortungsbereich liegt. Arbeiten Sie also enger zusammen, wenn es irgendwie geht. Immerhin kämpfen Sie gemeinsam für ein Unternehmensziel, das es zu erreichen gilt.

Falls Sie diese Probleme haben, weil Sie tatsächlich zu langsam arbeiten, dann bilden Sie sich weiter und lassen Sie sich zeigen, wie Sie Ihre Aufgaben effizienter und effektiver erledigen können. Wenn Sie schlicht und einfach zu viel Arbeit haben, dann ist es die Aufgabe Ihres Chefs, Sie zu entlasten, indem er die Aufgaben anders verteilt oder die Prioritäten anders setzt. Dabei ist es hilfreich, wenn Sie im Vorfeld ein realistisches Tätigkeitsprotokoll führen, mindestens eine Woche lang: Notieren Sie alle Aufgaben, für die Sie zuständig sind inklusive deren Dauer. Diese Liste dient als Grundlage für das Gespräch mit dem Vorgesetzten.

Bitte denken Sie daran, Sie dürfen Nein sagen! Auch wenn es ein bisschen abgedroschen klingt, aber jedes Nein-Sagen ist ein Ja-Sagen zu sich selbst!

Tanzschritt 8: Üben, üben, üben

Wenn Sie Ihren Chef mögen, wird Ihnen dieser letzte Tanzschritt, nicht so schwer fallen, wie er sich anhört, denn Üben ist das Geheimnis eines jeden Erfolgs. Das meiste, was wir im Leben tun, müssen wir erst einmal lernen, und wir müssen üben, um richtig gut darin zu werden. Und ich weiß gar nicht, woher es kommt, aber oft erwarten wir sofort Höchstleistungen von uns selbst und einen akrobatischen Rock'n'Roll-Überschlag – und das am besten über Nacht. Wer hat denn gesagt, dass Sie auf der Stelle super sein müssen? Es braucht alles seine Zeit. Und die dürfen Sie sich auch für sich und für Ihre Weiterentwicklung nehmen.

Sie haben mit Ihrem Chef ein Gespräch geführt, wollten etwas einfordern und es ging voll in die Hose? Egal! Dann überlegen Sie sich, was genau schiefgegangen ist. Was können Sie beim nächsten Mal besser machen? Was können Sie beim nächsten Mal anders ansprechen? Was sollten Sie lieber lassen? Genau das heißt es zu üben. Ausprobieren, reflektieren – und das nächste Mal besser machen.

Haben Sie schon einmal darüber nachgedacht, welche Erwartungen Sie an Ihren Chef haben und welche Erwartungen Ihre Führungskraft an Sie hat? Je klarer die Erwartungen beider Seiten sind, desto einfacher wird das ergänzende Führen. Von Ihnen als Mitarbeiter erwartet der Chef, dass Sie die Dinge im Griff haben und so regeln, dass es eine zuverlässige Entlastung bedeutet und den reibungslosen Betrieb garantiert. Das geht nicht über Nacht. Seien Sie nett zu sich selbst, lassen Sie sich Luft zum Atmen und erlauben sich das Üben!

TAKT 3

Unterstützen – So fangen Sie CHEF-STOLPERER auf!

Die besten Tipps für die 77 häufigsten Chef-Stolperer

Wenn Du Deinen Chef sprechen möchtest, schalt einfach den Strom ab und warte ein paar Sekunden!

So ist es beim Tanzen

Bei eingespielten Tanzpaaren läuft alles geschmeidig, sie schweben geradezu über die Tanzfläche. Wer jedoch einen Tanzpartner mit zwei linken Beinen erwischt hat, muss anders an die Sache herangehen und öfter die Führung übernehmen, damit das Ganze halbwegs reibungslos läuft. Es ist nahezu unvermeidbar, dass man sich dabei auf die Füße tritt. Nur Übung macht den Meister. Doch es gibt sie, die hoffnungslosen Fälle, die sich ständig vertanzen und keine Fortschritte machen – weil sie nicht dazulernen wollen. Da hört der Spaß dann auf!

So ist es im Job

Im Idealfall stehen Sie mit Ihrer Führungskraft in engem Kontakt. Sie kennen sich gegenseitig, Sie wissen genau, wie sich der Boss in bestimmten Situationen oder bei Herausforderungen verhält. Ist das Arbeitsklima jedoch nicht so positiv, gibt es eine Menge Zündstoff für Konflikte und oftmals Missverständnisse. Doch kein Mensch ist perfekt – auch wenn viele das gerne von sich glauben. Es gibt Ausrutscher und Stolperer Ihres Chefs, die Sie abfangen können und sollten, weil es das Unternehmen, die Arbeit und letztlich Sie selbst voranbringt. Aber es gibt auch unverzeihliche Fauxpas seitens der Führungskraft, die Sie nicht auf sich sitzen lassen sollten. Wo Sie persönlich die Grenze ziehen, bleibt Ihnen überlassen.

Ich kann es gar nicht oft genug wiederholen: Vieles ist über (rechtzeitige!) Kommunikation lösbar, in welcher Form auch immer. Kein Mensch ist perfekt, auch Ihre Führungskraft nicht. Schon gar nicht, wenn sie sich in einer Sandwichposition befindet, also ebenfalls ordentlich »Druck von oben« bekommt und innerhalb kürzester Zeit einen Rollenwechsel vollziehen muss: Eben noch hat Ihr Boss in seiner Führungsrolle ein Mitarbeitermeeting abgehalten und Minuten später steht er bei seinem eigenen Chef und findet sich selbst in der Mitarbeiterrolle wieder. Zudem wird von ihm verlangt, Experte in seinem Fachgebiet zu sein. Kein Wunder, dass das nicht immer gutgeht! Man kommt aus dem Takt, vertanzt sich oder legt sich sogar der Länge nach auf der Tanzfläche hin.

In diesen Situationen wäre es für die Führungskraft durchaus hilfreich, Mitarbeiter zu haben, die sie darauf aufmerksam machen, wenn ein Tanzschritt daneben war, oder die auch einmal eigeninitiativ die Führung übernehmen, um den Sturz auf der Tanzfläche noch abzuwenden. Doch in puncto aufrichtige Kommunikation mit der Führungskraft gibt es einige Hemmnisse: Sie stehen als Mitarbeiter in einem Abhängigkeitsverhältnis. Wie können Sie gegenüber Ihrem Chef auch unbequeme Wahrheiten ansprechen, ohne mit einer Abmahnung oder Schlimmerem rechnen zu müssen?

- Sie fühlen sich von Ihrem Chef ungerecht behandelt. Wie bringen Sie das der Führungskraft bei, ohne als beleidigte Leberwurst dazustehen?
- Sie kommen mit dem Führungsstil Ihres Chefs nicht zurecht. Wie ändern Sie Ihre Situation, ohne gleich Ihr Kündigungsschreiben aufsetzen zu müssen?
- Sie möchten bestimmte Verhaltensweisen Ihres Chefs nicht mehr decken. Wie können Sie das kommunizieren, ohne als Petze abgestempelt zu werden?
- Sie wurden von Ihrer Führungskraft enttäuscht. Wie können Sie dies trotz Ihrer emotionalen Aufgewühltheit sachlich und überzeugend kommunizieren?

Diese und andere Herausforderungen im Berufsalltag können im ersten Moment überwältigend sein, denn so wenig die Führungskräfte in Menschenführung ausgebildet wurden, so wenig wurden Sie als Mitarbeiter auf schlechte Führungskräfte vorbereitet. Mit den Fragen und Tipps auf den folgenden Seiten möchte ich Ihnen Vorschläge unterbreiten, wie Sie in bestimmten Situationen reagieren können.

Typische Stolperer der Chef-Tanz-Typen

Sie erinnern sich doch noch an die Chef-Tanz-Typen aus Kapitel 1? In den folgenden sechs Abschnitten finden Sie die prominentesten Probleme, die Mitarbeiter mit diesen Chef-Typen haben können, und Tipps zu ihrer Lösung.

Was mache ich, wenn mein Boss ein Salsa-Typ ist?

Der Salsa-Typ tanzt ein hohes Niveau. Er ist professionell, beweglich, dabei stürmisch und motivierend. Er ist ein absoluter Könner auf seinem Gebiet und reißt jeden mit. Allerdings verlangt er auch viel und tanzt einen schon mal schwindelig. Wenn Sie so einen Chef haben, dann ist es auf der einen Seite sehr interessant, spannend und bringt einen Heidenspaß, auf der anderen Seite müssen Sie auch auf sich aufpassen, wenn sein Tempo nicht auch Ihres ist. Zeigen Sie sich in jedem Fall interessiert an seinen Ideen und an seiner Arbeit. Bestätigen Sie ihn darin, wie gut er das macht (was auch definitiv so sein wird). Aber zeigen Sie ihm auch klare Grenzen auf. Sagen Sie ihm, dass Sie unter diesen fünf Aufgaben, die er Ihnen gerade zugeworfen hat, klare Prioritäten brauchen. »Was hat die höchste Dringlichkeit?«, »Bis wann muss das erledigt sein?«, »Was soll ich zuerst machen?« Informieren Sie ihn aber auch, dass Sie ja von letzter Woche noch eine Menge abzuarbeiten haben und lassen Sie *ihn* entscheiden, wie sich das mit den neuen Aufgaben verteilt. So wird ihm immer wieder bewusst gemacht, dass auch er sich manchmal etwas bremsen muss.

Was mache ich, wenn mein Boss ein Slowfox-Typ ist?

Der Slowfox-Typ ist der Beste und der Souveränste von allen. Ein absoluter Profi, der immer ruhig bleibt, professionell alles im Griff hat, ein gutes Verhältnis zu seinen Mitarbeitern pflegt und sich gut auf die Arbeits- und Mitarbeiteranforderungen einstellt. Er gibt viel Wertschätzung, verlangt aber auch viel. Und so erreicht der Slowfox-Typ elegant alle seine Ziele. In der Regel macht er nicht viele »Stolperer«, wenn aber doch, dann können Sie ihn ebenfalls sehr gepflegt, aber auch fordernd darauf ansprechen. Er wird Ihnen zuhören, wenn Sie ihm offen, loyal und transparent begegnen. Denn genau das ist er auch zu Ihnen. Er mag ehrliche Worte und setzt sich gemeinsam mit Ihnen produktiv und konstruktiv auseinander. Sprechen Sie ihn also gut vorbereitet an, wertschätzen Sie ebenfalls seine Arbeit und Sie bekommen immer eine Lösung!

Was mache ich, wenn mein Boss ein Discofox-Typ ist?
Der Discofox-Typ ist unkompliziert, »in Ordnung« und ein echter Kumpel-Chef. Auch mit ihm bringt es viel Spaß zusammenzuarbeiten, weil er so schön bodenständig und pragmatisch ist. Er möchte, dass alle ihn mögen, also mögen Sie ihn, wenn Sie ihn denn mögen. Was ich damit meine? Machen Sie die Späße mit, finden Sie ihn gut und seien Sie ebenfalls locker. Wenn Ihnen das nicht liegt und Sie das Gefühl haben, dass er Ihnen zu nahekommt mit aller Unkompliziertheit, dann können Sie ihm auch Grenzen aufzeigen. Er wird sie respektieren. Dankbar wird er Ihnen sein, wenn Sie ihn mal wieder aus tollen, dramatischen und gut gemeinten Drehungen befreien und wieder Ruhe reinbringen. Auf Deutsch heißt das, wenn er es mit seinem Ehrgeiz zu gut gemeint und sich zu viel vorgenommen hat, dann »verheddert« er sich auch mal. Dennoch ist er ein Profi und beherrscht sein Handwerk. Sprechen Sie offen mit ihm, auch wenn er Ihnen zu kumpelhaft wird (»Nicht böse sein, aber meine Abende sind meiner Familie vorbehalten, auch wenn ich gern mit Dir und den Kollegen noch ein Bier trinken würde.«)

Was mache ich, wenn mein Boss ein Freestyle-Typ ist?
Jetzt wird es schon schwieriger, denn ein Freestyle-Typ ist kaum berechenbar. Sie können sich auf keine Routine einstellen, weil es keine gibt. Hier ist jeder Tag anders und vieles was besprochen wurde, gilt nicht mehr. Nicht falsch verstehen, er ist in der Regel durchaus erfolgreich. Nur anders halt … Das einzige, was hier hilft, ist, dass Sie engen Kontakt zu ihm halten, damit Sie immer wissen, was Sache ist. Legen Sie

dennoch Grundstrukturen fest und machen Sie ihm immer wieder klar, dass es ohne nicht geht. Auch er kann sich an ein gewisses Maß an Regeln gewöhnen. Hier ist es wichtig, dass Sie ihm nicht zu viele Grenzen aufzeigen, denn ein Freestyler lässt sich nicht eingrenzen. Der Vorteil ist: Auch Sie können Ihren Job machen, wie Sie möchten. Wenn Sie also Struktur brauchen, dann schaffen Sie sich diese für sich selbst. Wenn Sie eine strengere Ordnung brauchen, dann legen Sie sich diese an. Hier sollten Sie viel mutiger zu eigenen Entscheidungen sein. Selbstständiges Arbeiten ist hier gefragt. Also warten Sie nicht darauf, dass Sie geführt werden, sondern arbeiten Sie hier viel selbstbestimmter.

Was mache ich, wenn mein Boss ein Blues-Typ ist?
Tja, was macht man mit einem unbeweglichen nassen Sack? Am besten gar nichts. Wenn Sie versuchen wollen, ihn in Bewegung zu bringen oder gar zu motivieren, dann ist das zwar gut gemeint, im Zweifel aber eine Lebensaufgabe. Viel zu anstrengend und bringt ja nichts. Auch hier gilt: Treffen Sie viel selbstbestimmter Entscheidungen und führen Sie ihn durch gut aufbereitete Entscheidungsvorlagen. (»Chef, wollen wir es so machen oder so? Ich empfehle Ihnen diese Lösung!«). Akzeptieren Sie ihn dennoch immer als Chef, denn er ist es nun mal. Freuen Sie sich über die Freiheit, eigenverantwortlich arbeiten zu können. Wenn Sie selbst jedoch klare zielgerichtete Anweisungen brauchen, dann sollten Sie sich einen anderen Tänzer suchen, denn vom Blues-Typ wird nicht viel kommen. Lassen Sie ihm den Blues und tanzen Sie Ihren eigenen Tanz.

Was mache ich, wenn mein Boss ein Paso-Doble-Typ ist?
So, jetzt kommt's. Hier ist die größte Herausforderung zu erwarten, denn ein Paso-Doble-Typ ist zuweilen streng, autoritär bis herrschend. Bei ihm ist es besonders wichtig, dass Sie sich sehr gut auf ihn einstellen. Schauen Sie genau hin. Was ist ihm wichtig? Worauf legt er Wert? Was sind seine Schwerpunkte? Je besser Sie ihn studiert haben, desto vorhersehbarer wird er. Untergraben Sie niemals seine Autori-

tät. Zeigen Sie sich immer loyal. Aber seien Sie auch selbstbewusst in Ihren Forderungen und in der Zusammenarbeit. Duckmäuser braucht er nicht. Mitarbeiter, die zickig widersprechen allerdings auch nicht. Bestärken Sie ihn in seiner Art, das schafft Vertrauen. Und wenn er einmal Vertrauen zu Ihnen aufgebaut hat, dann erreichen Sie ihn auch mit Ihren Vorschlägen. Ihm ist nur wichtig, dass am Ende *er* die Dinge entscheidet. Je stärker Sie ihn einschätzen können, desto besser kennen Sie seine wunden Punkte. Wenn Sie etwas durchsetzen oder erreichen wollen, dann nur, indem Sie ihn respektieren und im richtigen Moment starke Argumente bringen, die doch eigentlich er gerade gesagt hat, oder?

Jetzt wird es etwas allgemeiner, denn es gibt eine ganze Menge Stolperer, die nicht nur einem Chef-Typ zugeordnet werden können. Grundsätzlich können alle Chef-Typen diese Stolperer begehen, es gibt aber einige Typen, die mehr zu einem bestimmten Verhalten tendieren als andere.

Persönlichkeit

Was mache ich, wenn mein Boss autoritär ist?

Die »schlimme« Sorte der autoritären Führungskräfte sind die beinharten Bestimmer, die dominanten Wissenshamster und kategorischen Team-Ablehner. Alles wird im stillen Kämmerchen mit anderen hohen Tieren beschlossen, kompromisslos und knallhart durchgesetzt und pedantisch kontrolliert. Die Meinung der Mitarbeiter ist nicht gefragt, die sind schließlich nur Befehlsempfänger und sollen ohne Widerrede abarbeiten. Kein Wunder, wenn die Mitarbeiter irgendwann nur noch Dienst nach Vorschrift verrichten. Ob das wirklich im Sinn des Unternehmens sein kann? Ich wage das zu bezweifeln. Sie haben so ein autoritäres Exemplar gewonnen? Na, herzlichen Glückwunsch! Tja, was kann man da tun … Im Zweifel gibt es zwei Möglichkeiten:

Entweder Sie akzeptieren die Situation, wie sie ist, fügen sich klaglos und stellen sich darauf ein, dass Ihre Führungskraft bei der Arbeit nicht auf Vertrauen, Respekt und Kooperation baut. Wichtig ist dabei, dass Sie dann keine Erwartungshaltung aufbauen, dass sich daran in Zukunft etwas ändern wird. Oder Sie versuchen Ihr Glück und fangen an, mit sehr kleinen Schritten das Vertrauen Ihres Chefs zu gewinnen, indem Sie ihm zeigen, dass Sie mitdenken und er auf Sie zählen kann. Es braucht jedoch eine ganze Menge Geduld und Spucke, bis das Bestimmerherzchen ein bisschen Kontrolle abgibt. Was immer gut ist, sind Selbstmotivation und Selbstbelohnung. Finden Sie Ihren eigenen Sinn und Ihre eigene Motivation in Ihrer Arbeit. Dann gelingt Ihnen eher, Zufriedenheit aus Ihrem Job zu ziehen.

Wie Sie wissen, gibt es die unterschiedlichsten Führungsstile. Auch wenn in vielerlei Form versucht wird, Chefs in Schubladen einzusortieren – so richtig funktioniert es nie. Es sind ja immer theoretische Konstrukte, wie etwa das Harvard-Modell oder die von mir identifizierten Chef-Tanz-Typen. Und so ist jeder Boss unterschiedlich. Selbst wenn Ihr Vorgesetzter zu den autoritären Führungskräften zählt, muss das nicht grundsätzlich schlecht sein. Manchmal ist autoritäres Verhalten sogar sehr hilfreich und notwendig: Wenn Entscheidungen getroffen werden müssen, weil sich sonst Prozesse ewig hinziehen oder Situationen eskalieren könnten, ist es sehr erfrischend, wenn einer klar sagt, was Sache ist. Denn nichts ist schlimmer als null Aktion oder Reaktion wie beim Blues-Typ. Da kann man ja gleich mit einem Toten tanzen! In einem Unternehmen ohne Führung herrscht nur Stillstand und der wirtschaftliche Schaden ist vorhersehbar.

Kommt tendenziell eher vor bei: Paso-Doble-Typ, Freestyle-Typ, Salsa-Typ

Was mache ich, wenn mein Boss ein Blender ist?
Schaumschläger, Selbstdarsteller, Möchtegern, Sprücheklopfer – für den Blender gibt es jede Menge Synonyme und bestimmt sind Ihnen ebenso wie mir in der beruflichen Laufbahn (und auch privat) schon so einige Exemplare dieser Spezies begegnet: Große Klappe, nichts dahinter! Das Schlimme ist: Oft genug kommen solche Leute durch ihr aufschneiderisches Verhalten wirklich weiter, blenden Ihre Vorgesetzten und machen richtig Karriere!

Tja, was machen Sie jetzt mit so einem Prachtexemplar als Chef? Wenn Sie es ohne tägliche Bauchschmerzen können, geben Sie dem Blender, was er braucht: Bestätigung. Es muss keine tägliche La-Ola-Welle sein, es reicht, wenn Sie ihm das Gefühl geben, gut zu sein. Hinter Blenderei steckt viel Unsicherheit. Und je sicherer die Führungskraft wird, desto weniger »Blenderei« ist notwendig.

»Achtung, Klugscheißer-Alarm!« Solche und ähnliche Sprüche sind hinter vorgehaltener Hand zu hören, wenn so eine Labertasche das Wort ergreift – und die Mitarbeiter heimlich Bullshit-Bingo spielen. Vielleicht gibt es ja einen Grund, warum es so viele Sprüche gibt statt hochwertiges fachliches Know-how. Lächeln Sie über seine Sprüche, aber bringen Sie das Gespräch immer wieder zurück auf die sachliche, fachliche Ebene. Geben Sie Ihrem Boss so viel Information wie möglich. Wie gesagt, je souveräner er wird, desto weniger muss er blenden.

Zeigen Sie ihm, dass Blenderei bei Ihnen nicht zieht, sonst hört er niemals damit auf. Zeigen Sie ihm lieber, dass Sie ihn auch so akzeptieren und schätzen, wie er ist, indem Sie gezielt auf Themen eingehen, bei denen er nicht schaumschlägt.

Nehmen Sie ihm Verantwortungsdruck ab, indem sie gut untermauerte Lösungen erarbeiten. Geben Sie ihm indirekt immer wieder Informationen und Lösungsideen, die braucht er offenbar dringend. Dann hört diese Blenderei vielleicht auf.

Richtet er sich allerdings gegen Sie, dürfen Sie ihn schon mal geschickt auflaufen lassen, indem Sie zum Beispiel in einem Meeting detaillierte Fragen zu bestimmten Themen stellen, von denen Sie wissen, dass er sie nicht beantworten kann. Aber das fällt definitiv in die Kategorie »Holzhammer-Methode« und hat nicht mehr viel mit taktvoller Führung zu tun. Bedenken Sie zudem: Ein (offener) Machtkampf mit einer Führungskraft ist selten von Erfolg gekrönt.

Kommt tendenziell eher vor bei: Paso-Doble-Typ, Freestyle-Typ

Was mache ich, wenn mein Boss übermotiviert ist oder ein zu starkes Geltungsbedürfnis hat?

Kennen Sie solche leicht bis stark überdrehten John Travoltas, die mit einem federnden Gang alle Aufmerksamkeit auf sich ziehen wollen? Keine Missverständnisse, bitte: Ich mag John Travolta, ich rede nur von seiner Rolle in *Saturday Night Fever*. Sich diesen Film anzusehen ist amüsant, aber wenn man so ein Exemplar im Büro sitzen oder im Laden stehen hat, kann das schon anstrengend werden. Wie geht man nun mit so einem sprühenden Ideen-Wirbelwind um? Denken Sie immer daran: Sie können Ihre Einstellung ändern, Ihren Boss ändern Sie in den seltensten Fällen! Auch hier gilt wie beim Blender: Geben Sie den Menschen, was sie brauchen. Ihr Boss braucht Beachtung und Aufmerksamkeit? Dann geben Sie ihm diese. Hören Sie zu, wenn er übersprudelt vor Ideen. Stellen Sie Fragen, wenn Ihnen etwas erklärt wird.

Wenn Ihre Führungskraft allerdings von Ihnen erwartet, dass Sie alles sofort umsetzen sollen, dann sollten Sie enger mit ihr zusammenarbeiten und viele konkrete Fragen stellen. Vielleicht merkt Ihr Chef dann, dass nicht alles umsetzbar ist.

Wenn die Führungskraft Sie allerdings von der Arbeit abhält, dürfen Sie durchaus auch auf Durchzug schalten. Oder Sie sagen offen und ehrlich: »Oh, wie interessant, erzählen Sie mir gern mehr ... allerdings bitte später! Sie wollten doch, dass diese Unterlagen heute noch fertig werden, oder soll ich das doch erst morgen machen?« Ob es noch zu einem Später kommt, wenn Sie das öfter tun?

Wenn es Ihnen auf Dauer zu anstrengend wird, bitten Sie um ein klärendes Gespräch in aller Ruhe. Seien Sie gütlich zu Ihrer Führungskraft, vorausgesetzt, Sie mögen sie im Grunde Ihres Herzens, denn das ist die Grundlage für eine gute Zusammenarbeit. Sollten Sie allerdings schon Aggressionsfantasien entwickeln, wenn Ihre Führungskraft nur den Raum betritt, dann überlegen Sie lieber, ob Sie hier noch richtig sind.

Kommt tendenziell eher vor bei: Salsa-Typ, Paso-Doble-Typ

Was mache ich, wenn mein Boss nur vorgibt, als wäre er mein bester Kumpel, es aber nicht ist?

Heutzutage ist der Ton zwischen Chef und Mitarbeitern sehr viel lockerer geworden, in vielen Unternehmen wird grundsätzlich geduzt. Das ist auch theoretisch kein Problem, wie beim Discofox-Typ zu erkennen. Dennoch sollten persönliche Grenzen gewahrt und respektiert werden, vor allen Dingen dann, wenn man spürt, dass alles nur aufgesetzt ist. Es ist grundsätzlich eine knifflige Sache, wenn der Ton und der Umgang zu kumpelhaft werden. Da hilft nur eins: Sorgen Sie im Vorfeld schon dafür, dass Ihre Grenze zur Privatsphäre, Ihr Tanzbereich, klar abgesteckt ist und gewahrt bleibt. Sie können genau steuern, was von Ihnen an die Öffentlichkeit kommt und was nicht. »Kalkulierte Öffentlichkeit« habe ich das getauft: Überlegen Sie, welche privaten Informationen Sie preisgeben möchten und welche nicht. Keiner verlangt von Ihnen, Ihre gesamte Lebens- und Leidensgeschichte in der Arbeit auszubreiten. Geben Sie Ihrem Vorgesetzten wohldosiertes privates Futter von Ihnen. Wenn Ihnen Fragen jedoch zu persönlich erscheinen, Ihre Tanzbereichsgrenze also überschritten wird, stellen Sie das taktvoll, aber bestimmt klar, zum Beispiel so: »Das wird mir jetzt zu persönlich, darüber rede ich grundsätzlich nicht am Arbeitsplatz.« Seien Sie Ihrerseits interessiert an Ihrem Chef und hören Sie sich von Zeit zu Zeit geduldig den Schwank aus seiner Jugend an, wenn es ihm dann besser geht.

Wenn Sie jedoch merken, dass Ihr Boss nur darauf aus ist, private Details von Ihnen zu erfahren, nur um sie im Zweifel gegen Sie einzusetzen, verfahren Sie nach dem Motto: Nur so viel private Information wie nötig.

Ablenkung, kalkulierte Öffentlichkeit und Fragen stellen ist hier der geschickteste Weg. Das Tanzbereich-Tool aus Kapitel 2 hilft Ihnen dabei, Ihren Tanzbereich klarer abzugrenzen.

Kommt tendenziell eher vor bei: Salsa-Typ, Freestyle-Typ, Discofox-Typ, Paso-Doble-Typ

Was mache ich, wenn mein Boss ein Gardinenprediger ist?
Ganz ehrlich: Das hat doch schon beim elterlichen Anschiss ab einem gewissen Alter nicht mehr gefruchtet! Die einzigen Reaktionen auf eine Gardinenpredigt sind genervtes Augenverdrehen und Ohren auf Durchzug schalten. Das geht »hier rein und da raus«. Mit den Gedanken ist man ganz woanders. Sollte es einen berechtigten Grund für Kritik geben, dann sollte das ordentlich besprochen werden. Das bedeutet, dass nicht nur einer einen »ausschimpft« nach dem Motto »Jetzt rede ich!« und alle anderen gefälligst die Klappe zu halten haben, sondern es gibt einen Dialog, eine Diskussionsgrundlage, und die Mitarbeiter kommen zu Wort. Also, versuchen Sie so galant wie möglich den Redeschwall Ihres Chefs zu unterbrechen, indem Sie möglichst geschlossene Fragen stellen, die ein Ende des Monologs einläuten und eine Lösung beinhalten. »Soll ich mich um eine Alternative kümmern?«

Kommt tendenziell eher vor bei: Paso-Doble-Typ, Freestyle-Typ, Salsa-Typ

Was mache ich, wenn mein Boss die Werte des Unternehmens nicht lebt?
Da stehen sie, die schönen Unternehmenswerte. Wunderschön ausformuliert, auf edlem Papier gedruckt und hängen womöglich dekorativ in einem hübschen Rahmen an der Wand. Sehr beeindruckend, was da teilweise versprochen wird. Ein einziger Traum. Doch leider ist die Unternehmensphilosophie manchmal nicht mehr als hübsche Deko. Was können Sie also tun, wenn weiterhin keine Informationen weitergegeben werden, obwohl doch »Transparenz« als ein wichtiger Wert ausgeschrieben wurde? Sprechen Sie es immer wieder an. Machen Sie darauf aufmerksam, wie nützlich es jetzt für die Aufgabenlösung wäre, wenn Sie diese Information hätten. Fragen Sie ihn nach konkreten Gründen, warum Sie bestimmte Informationen nicht erhalten. Je öfter Sie das ansprechen, desto mehr merkt Ihre Führungskraft, dass dieses Thema noch ein offenes ist.

Kommt tendenziell eher vor bei: Salsa-Typ, Freestyle-Typ, Paso-Doble-Typ

Was mache ich, wenn mein Boss zu jung und unerfahren ist?
Hat Ihre sehr junge Führungskraft die Weisheit mit Löffeln gefressen? Weiß sie alles besser, weil sie gerade ihr Studium beendet hat und Sie »nur« 20 Jahre Berufserfahrung vorweisen können? Dann lassen Sie sie vorerst in dem Glauben und nehmen Sie es nicht allzu persönlich. Je sicherer Ihre junge Führungskraft im Job wird, desto eher verwächst sich dieses ganze Gehabe in der Regel. Ein guter Trick ist immer, Ihr fachliches Know-how indirekt einfließen zu lassen und dem jungen Chef damit taktvoll die Möglichkeit zu geben, sein Gesicht zu wahren, auch wenn er mal nicht weiter weiß. Sagen Sie zm Beispiel »Die Maschine hakt schon wieder bei 10 000 Stück Kapazität. Was sollen wir jetzt machen? Das letzte Mal haben wir zum Beispiel versucht, … Wie sehen Sie das?« So machen Sie auf das Problem aufmerksam und der Chef bleibt nach außen hin der Entscheider, obwohl Sie die Lösung schon auf dem Silbertablett servieren. Er wird es Ihnen früher oder später danken, wahrscheinlich nicht in aller Öffentlichkeit, aber durch sein Vertrauen in Ihre Kompetenz.

Kommt tendenziell eher vor bei: allen Chefs ohne Berufserfahrung

Was mache ich, wenn mein Boss Probleme mit dem Älterwerden hat?
Plötzlich sind sie da, die jungen Kollegen. Schnell, verdammt gut ausgebildet, mehrsprachig, modern, selbstbewusst, auslandserfahren und voller Power. Da kann man ganz schöne Komplexe bekommen, wenn man glaubt, mit den jungen Wilden nicht mehr mithalten zu können. Auch Ihrem Boss kann es so gehen. Aber jedes Alter hat seine Vorteile – und praktische Lebens- und Berufserfahrung stechen so manches Mal eine Hochschulbildung aus. Stärken Sie Ihre Führungskraft in ihren Stärken. Da sind wir wieder beim Thema Wertschätzung und Lob für Führungskräfte. Ihr Vorgesetzter wird das durchaus realisieren und zu schätzen wissen, denn sie hat nun mal auch ihre Berechtigung. Hinkt Ihre Führungskraft fachlich merklich hinterher, unterstützen Sie sie und versorgen Sie sie mit Informationen. Das stärkt das Vertrauen und somit auch das Selbstvertrauen beim Chef. Kommunizieren Sie auch bei den »jungen Wil-

den«, wie wichtig Ihnen die Meinung und Erfahrung der »alten« Führungskraft ist.

Kommt tendenziell eher vor bei: Salsa-Typ, Discofox-Typ, Blues-Typ, Paso-Doble-Typ

Was mache ich, wenn mein Boss ständig schlechte Laune hat?

Da kommt man morgens gut gelaunt und voller Tatendrang an seinen Arbeitsplatz – und trifft auf einen miesepetrigen, übellaunigen Chef. Prost Mahlzeit. Mit so einer Führungskraft will doch keiner tanzen, das macht doch keinen Spaß! Kreativ und konstruktiv zusammenarbeiten? Bei der miesen Laune Fehlanzeige. Klar, man ist nicht jeden Tag überglücklich und strahlt vor Freude. Erwartet ja auch keiner. Doch wenn Übellaunigkeit zum Dauerzustand wird, ist es schwer, selbst seine gute Laune zu behalten. Versuchen Sie trotzdem, sich Ihre gute Stimmung nicht verderben zu lassen. Womöglich ist Ihre gute Laune ansteckend. Lassen Sie es auf einen Versuch ankommen! Heitern Sie Ihren Boss auf, mit witzigen Anekdoten oder lustigen Sprüchen. Humor ist, wenn man trotzdem lacht. Manchmal hilft er in schwierigen Situationen. »Früher war alles besser. Gestern zum Beispiel. Da war Sonntag.«

Humor lockert auf, löst die Anspannung. Doch was tun, wenn der Chef völlig humorlos ist? Vielleicht scheint es nur so, denn jeder Mensch hat Humor. Zugegeben, bei einigen Zeitgenossen muss man sehr, sehr lange nach dem Humorzentrum suchen.

Wenn das nicht hilft, lassen Sie ihn grummeln! Glückspillen im Kaffee bringen da auch nichts mehr. Soll er doch herumzicken, aber ohne Sie! Sie sind gut drauf und lassen sich die Laune nicht verderben. Suchen Sie sich Kollegen, die ebenfalls Spaß an der Arbeit haben. In diesem Fall dürfen Sie Ihre Führungskraft ausnahmsweise entspannt ignorieren – aber nur die Laune übersehen, nicht alles andere!

Kommt tendenziell eher vor bei: Blues-Typ, Paso-Doble-Typ

Was mache ich, wenn mein Boss lustlos und demotiviert ist?

Wenn Ihr Chef am Montagmorgen sehr müde aussieht, hatte er hoffentlich ein verdammt spaßiges Wochenende. Wenn er sich lauthals beklagt, dass es doch eine Gemeinheit sei, dass es beim Fußball eine Verlängerung gibt, aber beim Wochenende nicht, sind Sie vielleicht noch bei ihm. Wenn er aber bereits nach der Mittagspause mit dem Feierabend liebäugelt und insgesamt wenig produktiv ist, ist offensichtlich, dass hier die pure Unlust regiert.

Okay, Umstrukturierungen, Stress und Leistungsdruck belasten auch Ihren Chef, zum Teil muss er vielleicht noch mehr ertragen als Sie. Nicht jeder hält diesem Druck auf Dauer stand. Wie geht man mit einem destruktiven Chef um, der seine Energie verloren hat und total unmotiviert ist?

Ganz ehrlich: Da können Sie nicht viel machen. Sie sollten allerdings darauf achten, dass sich seine Stimmung nicht auf Ihre Arbeitseinstellung auswirkt und Sie selbst die Lust verlieren. Sie können sich aber auf die Suche begeben: Vielleicht gibt es Dinge, die Ihrem Boss doch noch Spaß machen?

Unterstützen und entlasten Sie Ihren Boss bei den Dingen, die ihm weniger gefallen – vorausgesetzt er lässt Sie und Sie haben die entsprechende fachliche Kompetenz, um ihn zu vertreten. Wenn Ihre Führungskraft zum Beispiel keine Lust auf das wöchentlich anberaumte Meeting hat, dann fragen Sie, ob Sie oder ein Kollege ihn vertreten sollen, oder überlegen Sie, ob diese Treffen überhaupt Sinn machen. Auf der anderen Seite, sollten Sie ihn aber auch nicht »decken«.

Sie könnten somit auch direkt und diskret versuchen, das Problem Demotivation anzusprechen. Selbst wenn Sie keine klare Aussage bekommen, Ihre Führungskraft wird registrieren, dass ihre Gleichgültigkeit wohl langsam auffällt. Vielleicht gibt ihr das den entscheidenden Schubs vom Jammersofa. Wenn ihr selbst das völlig egal ist, wird es Zeit für drastischere Maßnahmen, denn so ein Vorgesetzter ist auf Dauer für das Unternehmen nicht tragbar. Der Boss hat den Überblick verloren, ist überfordert und gleichgültig, was einem Stillstand gleichkommt. Wenn es einen firmeneigenen Mediator gibt, schalten Sie ihn ein. Ein wertschätzendes Miteinander sollte immer ihr Ziel sein. Wenn Sie merken, dass es einem Menschen schlecht geht, egal ob Führungskraft oder nicht, sollten Sie etwas unternehmen, um zu helfen oder zumindest etwas in die Wege leiten. Das hat Ihre Führungskraft ebenso verdient wie

Sie, denn jeder Mensch ist es wert, gut und ordentlich behandelt zu werden.

Kommt tendenziell eher vor bei: Blues-Typ, Discofox-Typ

Was mache ich, wenn mein Boss aggressiv ist?

Das müssen Sie auf keinen Fall aushalten. Je aufbrausender der andere wird, desto ruhiger sollten Sie bleiben! Eine Grundregel, die immer gilt: Bleiben Sie ruhig im Ton und lassen Sie sich nicht einschüchtern, provozieren oder ebenfalls aufschaukeln. Verlassen Sie diese potenziell gefährliche Situation mit der Ansage: »Diese Diskussion wird jetzt zu emotional. Ich werde jetzt gehen, da dies keine sachliche Konversation mehr ist. Ich komme wieder, wenn Sie sich wieder beruhigt haben.« Gehen Sie auf gar keinen Fall eine Diskussion mit ihm ein, wenn er in so einem Zustand ist. Suchen Sie das Weite. Dokumentieren Sie den Vorfall, ziehen Sie im Zweifel Zeugen hinzu und legen Sie durchaus eine Beschwerde ein. Ziehen Sie auch eine Kündigung in Erwägung. Sie müssen sich nicht mit Gegenständen bewerfen lassen, nur weil er es ja »ach so schwer hat«, »er eben so ist« und sich »ohnehin nie ändern wird«. Selbst wenn er sagt: »Aber Frau Müller, das müssen Sie aushalten. Das hat doch nichts mit Ihnen zu tun. Das bisschen Aufgeregtheit. Ich habe immerhin allen Grund dazu!« Aggressionen gehören an *keinen* Arbeitsplatz!

Kommt tendenziell eher vor bei: Freestyle-Typ, Paso-Doble-Typ

Was mache ich, wenn mein Boss immer nur jammert?

»Dieses mieses Wetter! Das zieht mich voll runter. Die S-Bahn war heute auch wieder megavoll. Und gleich die Besprechung. Muss die immer um 9:00 Uhr anfangen? Und haben Sie gehört, dass sie jetzt den Weber zum Direktor gemacht haben? Unfassbar, dass sie nicht mich genommen haben. Ich wäre viel besser geeignet gewesen! Meine Güte ist das schwül heute … und dann der Regen. Wird Zeit, dass das Wetter bald umschlägt. Das ist gar nicht gut für meine Gelenke. Ach, ich habe es aber auch echt nicht leicht hier.«

Fürchterlich! Wenn Sie so ein Jammer-Exemplar als Führungskraft haben, hilft nur eins: Ruhig bleiben. Nichts sagen. Einfach nicht reagieren. Ist ja kein Fachthema. Und wenn sie Sie irgendwann fragt: »Ja, was sagen Sie denn dazu?«, dann antworten Sie gern in Form der Ich-Botschaft: »Also, ich empfinde das nicht so!« Wenn das Gejammer trotzdem weitergeht, ohne Punkt und Komma, schalten Sie auf Durchzug. Machen Sie Ihre Arbeit, reagieren Sie nicht weiter und bestärken Sie Ihren Boss nicht in der Jammerei. Irgendwann merkt er hoffentlich, dass er mit solchem Lamentieren bei Ihnen an der falschen Adresse ist. Nur weil er Ihr Vorgesetzter ist, müssen Sie ihn nicht bemuttern und ihm nach dem Mund reden! Also: Üben Sie das Ignorieren. Aber bitte nur bei solchen Themen!

Kommt tendenziell eher vor bei: Salsa-Typ, Blues-Typ

Was mache ich, wenn mein Boss nicht in Lösungen denkt, sondern in Problemen?

Wenn jeder zweite Satz mit den Worten anfängt »Das Problem ist …«, wissen Sie Bescheid. Viele Menschen denken eher problemorientiert als lösungsorientiert. Doch schlussendlich ist es sinnlos, nur das Problem zu bewundern. Viel wichtiger ist die Frage: Wie könnte man es lösen? Holen Sie Ihren Chef hier ab und machen Sie konkrete Lösungsvorschläge, regen Sie eine Diskussion an. Denken Sie positiv und kitzeln Sie Ihren Boss unauffällig aus seiner Lethargie heraus.

Wenn Sie Lust haben, fangen Sie jetzt an zu führen. Wie das geht, ohne der Führungskraft das Zepter aus der Hand zu nehmen?

- Bringen Sie nützliche Informationen ein, sodass Sie ins Gespräch kommen beziehungsweise im Dialog bleiben.
- Schaffen Sie Vertrauen. Ihre Führungskraft muss wissen, dass Sie es gut mit ihr meinen, dann hört Sie Ihnen zu und folgt Ihrem Rat eher.
- Kommen Sie nicht ebenfalls mit Problemen, sondern liefern Sie potenzielle Lösungen gleich mit. Bereiten Sie proaktiv Entscheidungsvorlagen vor. Wenn keine gute Lösung dabei ist, wird Ihre Führungskraft sowieso eigene Ideen einbringen.

- Fragen Sie gezielt nach, wie Sie Dinge erledigen sollen. Somit führen Sie Ihre Führungskraft zu Anweisungen.
- Fordern Sie Entscheidungen ein, die Sie benötigen, um Ihren Job zu machen. Weisen Sie Ihren Boss dabei ruhig offen auf seine Führungsaufgabe hin: »Sie sind der Chef, wie soll ich das nun machen?«
- Fragen Sie konkret nach Prioritäten und Schwerpunkten und vermitteln Sie Ihrer Führungskraft, warum das wichtig für Sie ist.
- Übernehmen Sie selbst die Verantwortung und machen Sie einfach. Ihre Führungskraft wird Ihnen die Grenzen schon aufzeigen, wenn sie erreicht sind. Sie wird es Ihnen aber danken, dass sie nicht selbst alles vorgeben und sagen muss. Und es hat auch große Vorteile, wenn Sie selbstständig arbeiten können. Sie müssen es sich nur selbst erlauben.
- Lassen Sie Ihren Chef auf gar keinen Fall »auflaufen«, denn dann ist das ganze hart aufgebaute Vertrauen sofort für die Katz! Der Chef glaubt Ihnen danach nie wieder!

Kommt tendenziell eher vor bei: Discofox-Typ, Blues-Typ, Paso-Doble-Typ

Was mache ich, wenn mein Boss unklare oder keine Vorgaben macht?
Ihr Boss gibt lasche bis gar keine Vorgaben oder Anweisungen? Sie hängen vollkommen in der Luft und wissen nicht, was wirklich wichtig und richtig ist? Was ist das Resultat? Unproduktivität, Desinteresse und Lustlosigkeit. Eigentlich schade, denn die Führungskraft verschenkt auf diese Weise viel Potenzial, Know-how und Power. Wenn eine Führungskraft keine klaren Vorgaben macht, können die Mitarbeiter keine guten Ergebnisse erzeugen.

Was also tun? Nicht ärgern, nur wundern. Ist klar! Das darf auch sein. Aber bitte nicht lästern oder gar die Unfähigkeit herausstellen. Warum ist Ihre Führungskraft nicht klar in ihren Anweisungen? Gibt es Unsicherheiten in Form von mangelnder Information? Hat sie Angst vor Entscheidungen oder ist sie aus anderen Gründen einfach überfordert? Es gibt immer einen Grund, warum eine Führungskraft handelt, wie sie eben handelt. Das muss nicht immer richtig sein. Wenn Sie sie trotzdem unterstützen möchten, versuchen Sie sich in Ihren Boss hineinzuversetzen und die Situation mit seinen Augen zu betrachten. So finden Sie heraus, wie Sie besser mit der Führungskraft zusammenarbeiten können. Zudem helfen folgende Tipps, unklare Vorgaben in handfeste Ansagen zu verwandeln, indem Sie in die Führung gehen.

Fragen Sie nach, so lange bis Sie zum Kern des Themas kommen. »Wie meinen Sie das genau? Gibt es dafür schon einen angelegten Vorgang? Wer kann mir dabei weiterhelfen?« Hat Ihre Führungskraft selbst keine Antworten, gibt es Handlungsbedarf, um entsprechend im Projekt weiterzukommen. Überlegen Sie: Wen können Sie stattdessen fragen? Wer ist verantwortlich für Zwischenergebnisse, die vielleicht noch fehlen. Nicht alle Fragen muss zwangsläufig immer Ihre Führungskraft beantworten. Dokumentieren Sie Ihre Absprachen schriftlich per E-Mail oder Aktennotiz und lassen Sie sich diese von Ihrem Chef bestätigen. Falls Sie nicht im Büro arbeiten, machen Sie sich Notizen und Protokolle (mit Datum, Uhrzeit und Verantwortlichkeiten!), um später notfalls etwas in der Hand zu haben. Erinnern Sie Ihre Führungskraft – wenn es sein muss mehrmals – an feste Zusagen und ausstehende Entscheidungen, warten Sie nicht einfach ab. Stillstand ist keine Lösung.

Kommt tendenziell eher vor bei: Salsa-Typ, Freestyle-Typ, Blues-Typ, Paso-Doble-Typ

Was mache ich, wenn mein Boss Aufschieberitis hat?

Aufschieberitis ist eine weit verbreitete Unart. Hat Ihr Boss eine klare Entscheidungsschwäche, lesen Sie im nächsten Tipp, wie Sie ihm zum Beispiel mit konstruktiven Lösungsvorschlägen helfen können. Manchmal ist Aufschieberitis allerdings auch ein rein organisatorisches Problem – und auch dafür gibt es entsprechende Lösungen. Unterstützen Sie Ihren Chef, nehmen Sie ihm Aufgaben ab. Vielleicht versucht Ihr Vorgesetzter, zu viele Bälle gleichzeitig in der Luft zu halten. Machen Sie ihm bewusst, dass das womöglich kontraproduktiv sein könnte. Hier stellt sich die Frage: Muss Ihre Führungskraft diese Probleme tatsächlich alle lösen? Ist sie wirklich die oder der Verantwortliche? Die Frage kann man ja mal in den Raum werfen. Wenn Ihr Chef einfach den Überblick verloren hat, hilft ein striktes Zeit- und Aufgabenmanagement. Wenn Sie ein Organisationstalent sind, ist das Ihre Chance, in die Führung zu gehen. In der Regel bekommt dann alles eine so gute Struktur, dass Probleme viel entspannter gelöst werden können. Fordern Sie Dinge ein, verabreden Sie Termine am besten schriftlich, zum Beispiel per E-Mail. Legen Sie Deadlines fest, bestimmen Sie im Team Verantwortliche. Informieren Sie transparent, sodass möglichst das ganze Team immer auf dem Laufenden ist. Das alles gibt Ihrer Führungskraft Struktur und erzeugt gleichzeitig einen sanften Druck. Beziehen Sie Ihre Führungskraft konkret mit ein und arbeiten Sie an der Vertrauensbasis. Ist Ihre Führungskraft jedoch rein fachlich überfordert und hat keine Ahnung von der Materie (siehe Tipp ›Was mache ich, wenn mein Boss keine Ahnung von der Materie hat?‹) und verschleppt deshalb wichtige Entscheidungen, ist zu überlegen, wie lange Sie sie noch decken möchten, denn Ihr Boss scheint für diesen Posten eine Fehlbesetzung zu sein.

Kommt tendenziell eher vor bei: Salsa-Typ, Freestyle-Typ, Blues-Typ

Was mache ich, wenn mein Boss konfliktscheu ist?
Schwelende Konflikte sind pures Gift für das Arbeitsklima! Werden sie nicht gelöst, werden sie früher oder später Schaden anrichten. Neid unter Kollegen, vermeintlich ungerechte Aufgabenverteilung, zu viel Arbeit, zu viel Druck, zu wenig Informationen: Ursachen für Konflikte am Arbeitsplatz sind vielfältig. Die Folge: kleine Gemeinheiten, rhetorische Spitzen, Verbreitung von Gerüchten, gegenseitiges Aufstacheln, Zerfall der Belegschaft in verfeindete Lager bis hin zum Mobbing. Alles ist möglich, wenn nicht gegengesteuert wird.

Was können Sie tun, wenn Ihre Führungskraft in solchen Situationen nicht einschreitet? Was Ihr Boss tun *müsste*, ist eindeutig: Klare Regeln aufstellen, die Kontrahenten an einen Tisch bringen, beide Parteien zu Wort kommen lassen, als Mediator fungieren und Lösungsvorschläge unterbreiten. Das können zum Beispiel Versetzungen oder eine Umverteilung der Kompetenzen und Aufgaben sein, Entlastungen in Form von neuen Hilfsmitteln oder zusätzlichen Mitarbeitern et cetera.

Zunächst sollten Sie Ihre Führungskraft darauf hinweisen, dass etwas nicht in Ordnung ist, natürlich ohne zu »petzen«. Sagen Sie ihr, dass Ihnen das Klima unangenehm ist und dass es die Produktivität und Stimmung im Team stört. Fruchtet das nach mehrmaligen Versuchen nicht, gehen Sie eine Managementebene höher. Aber informieren Sie Ihren Boss vorher über diesen geplanten Schritt. In der Regel wird er dann aus dem Quark kommen und selbst etwas unternehmen (müssen). Kommunizieren Sie wieder in Form von Ich-Botschaften. Drücken Sie aus, dass es für Sie unerträglich ist, wenn die Konflikte nicht gelöst werden, und dies Ihrer Ansicht nach nur zu neuen Konflikten oder zur Eskalation der Situation führen wird. Manchmal macht es Sinn, einen externen Experten vorzuschlagen, der das Problem für das Team beziehungsweise in Zusammenarbeit mit dem Team lösen kann. Wenn Sie selbst ein guter Mediator und an dem Konflikt nicht beteiligt sind, könnten Sie anbieten, die Parteien an einen Tisch zu bringen und gemeinsam eine Lösung zu suchen, wenn die Kontrahenten Sie akzeptieren. Wenn es einen externen Mediator gibt, den man einschalten kann, wäre das ebenfalls eine Möglichkeit, verhärtete Fronten zu lösen. Vielleicht ist auch ein Workshop eine Möglichkeit, Konflikte aus der Welt zu schaffen und gemeinsam zu erarbeiten, wie der Druck/das Arbeitspensum et cetera besser organisiert werden könnten. Auch hier gilt: Keine Scheu vor dem Ansprechen von Themen. Drängen Sie Ihren Chef, dass er etwas unternehmen muss.

Kommt tendenziell eher vor bei: Slowfox-Typ, Discofox-Typ, Blues-Typ

Was mache ich, wenn mein Boss entscheidungsschwach ist?
Wenn der Chef mit seinen Entscheidungen nicht aus dem Quark kommt, kann das vielerlei Gründe haben. Entweder eine tatsächliche Entscheidungsschwäche oder aber Ihre Führungskraft ist selbst von anderen Informationen oder Entscheidungen abhängig, die auf höherer Ebene nicht erfolgen, und wird somit handlungsunfähig. So oder so lähmt es natürlich den ganzen Betrieb, wenn der Chef zu lange zögert.

Was können Sie jetzt in beiden Fällen tun? Natürlich könnten Sie dies zu ihrem Vorteil gnadenlos ausnutzen, aber hier geht es schließlich um taktvolle Führung. Im zweiten Fall sollten Sie Ihrer Führungskraft nicht ständig Druck machen, da sie selbst nicht viel Spielraum hat und ihr die Hände gebunden sind. Hier könnten Sie höchstens unterstützend tätig werden, sodass die anderen Abteilungen oder Kollegen die notwendigen Informationen gefälligst ranschaffen. Je größer das Unternehmen, desto schwieriger gestaltet sich das allerdings.

Im ersten Fall, wenn Ihre Führungskraft wirklich entscheidungsschwach ist und somit mehr oder weniger den ganzen Betrieb aufhält, muss etwas geschehen, damit auch Sie Ihre Projekte beenden können und Ihre eigenen Ziele erreichen.

- Bieten Sie Ihre Unterstützung an: »Fehlt noch etwas? Brauchen Sie noch zusätzliche Informationen für die Entscheidung? Kann ich hier noch etwas für Sie tun? Können die Kollegen etwas für Sie tun?«
- Bieten Sie ein gemeinsames Brainstorm-Meeting an. Dann liegt die Last nicht nur auf den Schultern der Führungskraft.
- Bringen Sie im Gespräch Ihre Ideen ein: »Also, wenn Sie mich fragen, ...«
- Bereiten Sie eine Entscheidungsvorlage vor, wenn Sie inhaltlich involviert sind: nicht länger als eine DIN-A4-Seite mit mindestens zwei Alternativen und allen Vor- und Nachteilen. Machen Sie deutlich, welche Konsequenzen es nach sich zieht, wenn Sie die erwartete Entscheidung nicht wie vereinbart bekommen. Natürlich nicht bedrohlich, sondern rein sachlich!

Kommt tendenziell eher vor bei: Salsa-Typ, Freestyle-Typ, Blues-Typ

Was mache ich, wenn mein Boss kein Rückgrat hat?

Menschen ohne Rückgrat können nicht gerade stehen. Und wenn man mitansehen muss, wie der eigene Chef die Schuhe des nächsthöheren Vorgesetzten leckt, ist es mit dem Respekt nicht mehr weit her. Das will doch keiner sehen, oder?

Wenn Sie ein Muster erkannt haben und die schlimmsten rückgratlosen Situationen herausgefunden haben, dann können Sie anfangen zu regieren. Vorausschauend tanzen, sage ich immer. Also auch hier: Stärken Sie das Rückgrat Ihres Chefs mit meiner Lieblings-Allzweckwaffe Lob und Anerkennung – aber lassen Sie es nicht inflationär werden. Zusammenarbeit bedeutet mehr, als eine konstruktive Zeit miteinander zu haben. Zusammenarbeit bedeutet, sich gegenseitig zu stärken und Defizite auszugleichen. Das Einzige, was im Team wirklich zählt, ist, dass das Team sich gegenseitig stärkt und Fehler ausgleicht, sodass es ein großes Ganzes wird, das unschlagbar und stark ist.

Kommt tendenziell eher vor bei: Blues-Typ, Paso-Doble-Typ

Was mache ich, wenn mein Boss keine Ahnung von der Materie hat?
Da wird weltweit über intelligentes Leben im All gefachsimpelt, Ihnen aber würde intelligentes Leben im Büro schon reichen? Es gibt durchaus Führungskräfte, die keine Ahnung von ihrem Job haben.

Das kann schlimm sein, muss es aber nicht. Ein Manager muss nicht zwangsläufig alles wissen. Managen bedeutet planen, organisieren, führen und das fachliche Know-how der Mitarbeiter bestmöglich nutzen. Wenn eine Führungskraft das kann, dann ist es wunderbar und sie wird auch erfolgreich sein. Wenn eine Führungskraft dies allerdings nicht schafft, dann gute Nacht Marie. Auf der anderen Seite gibt es Führungskräfte, die überhaupt keine Ahnung haben, aber so tun als ob! Ich stelle mir das sehr anstrengend vor. Doch warum macht das eine Führungskraft? Weil sie kompetent erscheinen möchte? Weil sie das Gefühl hat, sie müsste alles verstehen? Weil sie glaubt, dass Sie sonst von den Mitarbeitern hat nicht akzeptiert und respektiert wird? Falsch! Ganz im Gegenteil. Hier ist ein wichtiger Dreh- und Angelpunkt. In dem Moment, wenn die Führungskraft sagt: »Sie sind die Fachkraft. Sie wissen am besten, wie Sie das umsetzen müssen. Ich glaube an Ihre Fachkompetenz!«, motiviert das doch ungemein, oder?

Wenn Ihr Boss allerdings eine fachliche Niete ist, die Tanzschritte also so gar nicht kennt, sollten Sie ihm das tunlichst nicht unter die Nase reiben. Im Gegenteil: Nutzen Sie die Gelegenheit, um Ihren Chef taktvoll zu führen. Aber nur, wenn dieser respektvoll damit umgeht. Kommunizieren Sie Ihre Arbeitsschritte transparent. Beziehen Sie Ihre

Führungskraft mit ein, erklären Sie Sachverhalte anschaulich und halten Sie Ihren Chef so immer auf dem Laufenden. So macht es allen mehr Spaß, denn jeder ist in seinem Fachbereich erfolgreich. Die Führungskraft leiten und managen Sie mit Ihrem Fach-Know-how. Unterstützen Sie Ihren Chef bestmöglich und teilen Sie Ihr Wissen. Schustern Sie ihm so viele Informationen wie möglich zu, bereiten Sie Auswahlvorschläge mitsamt der jeweiligen Vor- und Nachteile vor. Damit schaffen Sie eine gemeinsame Wissens- und Diskussionsbasis – und so entstehen in der Zusammenarbeit sinnvolle Lösungen.

Wenn Sie allerdings mitbekommen, dass Ihre Führungskraft Ihre Abteilung oder gar Sie persönlich vor die Wand fahren lässt, nur weil sie keine Ahnung hat, dann wenden Sie sich am besten an die nächsthöhere Führungskraft. Denn ihre Fahrlässigkeit könnte letztlich auch Ihren Arbeitsplatz bedrohen. Und da hört es auf mit taktvoller Führung!

Kommt tendenziell eher vor bei: Betrifft alle Tanz-Typen, denn gegen Unwissenheit ist kein (schnell wirkendes) Kraut gewachsen!

Zusammenarbeit und Teamwork

Was mache ich, wenn mein Boss mich übersieht?

Sie könnten sich als Hula-Tänzer(in) verkleiden, sich die Haare neongrün färben, theatralisch in Ohnmacht fallen oder Ihre Führungskraft »aus Versehen« mit Kaffee übergießen. Damit fallen Sie garantiert auf und erregen Aufmerksamkeit – aber leider auf die falsche Art.

Sorgen Sie lieber dafür, dass Ihre Führungskraft Sie ab sofort im positiven Sinne fachlich wahrnimmt. Nutzen Sie den Eigen-PR-Stern aus Kapitel 2, Abbildung 6, um Ihre Vorzüge zu betonen. Denn letztlich wollen Sie doch wegen Ihrer Arbeit und Ihrer Kompetenzen wahrgenommen werden und nicht wegen Ihrer neongrün gefärbten Haare (nichts gegen ausgefallene Haarfarben oder Frisuren!).

Es geht also nicht um die visuelle Wahrnehmung, sondern um die menschliche, aber vor allen Dingen um fachliche Registrierung. Wollen Sie Karriere machen? Dann zeigen Sie Ihrer Führungskraft, was Sie können, indem Sie alle Eigen-PR-Instrumente auffahren, die Ihnen in der Hinsicht weiterhelfen: einen Vortrag halten, in der Mitarbeiterzeitschrift schreiben, ein Projekt übernehmen, sich zum Experten in einem Spezialgebiet entwickeln und Ihr Know-how in entsprechenden Meetings einbringen.

Wenn Sie keine Karriere machen wollen, aber dennoch als adäquates Abteilungsmitglied wahrgenommen werden, durchbrechen Sie alte Muster und werden Sie etwas mutiger. Sprechen Sie Ihre Führungskraft an. Machen Sie Smalltalk. Zeigen Sie sich, werden Sie sichtbar. Machen Sie aus eigenem Antrieb Vorschläge et cetera. Selbstverständlich sollten Sie dabei sich und Ihrer persönlichen Art treu bleiben, denn es ist äußerst schwer, einen feurigen Salsa zu tanzen, wenn Sie eher der Slowfox-Typ sind.

Kommt tendenziell eher vor bei: Salsa-Typ, Freestyle-Typ, Paso-Doble-Typ

Was mache ich, wenn mich mein Boss geradezu ignoriert?
Sie haben schon länger das Gefühl, dass Ihre Führungskraft Sie regelrecht meidet? Ihr Vorgesetzter spricht kaum mehr mit Ihnen oder geht Ihnen sogar aus dem Weg? Dies könnte mehrere Gründe haben, gehen Sie auf Spurensuche: Vielleicht hat er ein schlechtes Gewissen? Steht noch etwas aus? Liegt etwas in der Luft, worüber gesprochen werden sollte? Aber hier gilt: Machen Sie nicht überstürzt die Pferde scheu. Womöglich hat es gar nichts mit Ihnen persönlich zu tun, sondern Ihre Führungskraft ist einfach nur gestresst, überfordert oder belastet.

Finden Sie (dezent!) im Gespräch mit Kollegen heraus, ob diese auch ein verschlossenes, meidendes Verhalten festgestellt haben oder ob Sie die einzige Person sind, die ignoriert wird. Wenn Sie feststellen, dass es höchstwahrscheinlich ein Problem gibt, sollten Sie das Gespräch mit Ihrem Chef suchen. Selbst wenn er Sie ignoriert, kann er Ihnen nicht ewig aus dem Weg gehen. Fragen Sie diplomatisch nach: »Ich merke, dass sich etwas verändert hat. Ich habe das Gefühl, dass Sie mir aus dem Weg gehen. Kann das sein?« Entweder beschwichtigt Ihr Vorgesetzter und entkräftet Ihren Verdacht (»Echt? Oh nein, nichts hat sich verändert. Ich habe im Moment nur sehr wenig Zeit.«) und in der Folge bessert sich das Verhalten Ihnen gegenüber. Oder er sagt es nur, um seine Ruhe zu haben und um Sie abzuwimmeln – und bei Ihnen bleibt ein schales Gefühl. Dann können Sie aber auch nicht helfen. Wenn der Boss Ihnen nicht offen sagt, wo das Problem liegt, können Sie wenig ändern. Hellsehen können Sie schließlich nicht, oder? Hier kommt die 80/20-Regel zum Zug. Können Sie dieses Verhalten Ihrer Führungskraft auf Dauer aushalten? Letztlich können Sie das nur selbst entscheiden.

Kommt tendenziell eher vor bei: Freestyle-Typ, Paso-Doble-Typ

Was mache ich, wenn mein Boss mein Potenzial nicht erkennt?
Darf ich etwas ketzerisch zurückfragen: Haben Sie Ihr Potenzial denn schon selbst erkannt? Kennen Sie Ihre Stärken, Ihre Talente? Wenn nicht, finden Sie diese schleunigst heraus! Denn wenn Ihr Boss Ihr Potenzial nicht erkennt, müssen Sie es ihm vor Augen führen.

Die Frage ist nur wie? Hier zählen (vorerst) keine Worte, sondern Taten. Seien Sie aufmerksam, wenn es Arbeit zu verteilen gibt, die Ihnen gefallen könnte. Denken Sie vorausschauend, wenn es um neue Themen geht.

Und wie erfährt das nun Ihr Chef? Ganz einfach: indem Sie es ihm sagen. In Mitarbeitergesprächen, beim Mittagessen oder wo auch immer Sie die Aufmerksamkeit Ihrer Führungskraft bekommen. Und wenn sich von selbst keine Gelegenheit ergibt, dann schaffen Sie Gesprächssituationen. Auch gern direkt: »Ich möchte gern einen Termin mit Ihnen machen, da ich ein Anliegen habe. 15 Minuten, länger brauche ich nicht.« »Gibt es eine Möglichkeit, dass ich mehr Sachbearbeitungsaufgaben übernehmen kann?« »Mir ist aufgefallen, dass wir immer auf eine bestimmte Art auf gewisse Situationen reagieren. Ich habe mir Gedanken darüber gemacht und würde Ihnen gern eine Lösung vorstellen, die 40 Prozent Arbeitsaufwand einspart. Hier steht sie drin.«

Oder Sie schreiben einen Artikel für Ihre Unternehmenszeitschrift. Geben Sie diesen jedoch unbedingt vorher Ihrer Führungskraft zur Freigabe. Das Gute daran: Selbst wenn er nie gedruckt wird, hat Ihre Führungskraft ihn zumindest gelesen.

Kommt tendenziell eher vor bei: Salsa-Typ, Freestyle-Typ, Blues-Typ, Paso-Doble-Typ

Was mache ich, wenn mein Boss mich unterfordert, weil er mir nichts zutraut?

Wenn Ihr Boss Ihr Know-how oder Ihre Fachkompetenz nicht abfordert, traut er Ihnen das entweder nicht zu oder er weiß gar nicht, dass Sie diese Aufgabe brillant lösen könnten. Sollte Letzteres der Fall sein, dann sollten Sie ihm das sagen. Schreiben Sie proaktiv Ihre Ideen zu einem relevanten Thema auf und reichen Sie sie bei Ihrer Führungskraft ein. Ergreifen Sie im Meeting auch einmal das Wort und steuern Sie nützlichen Input ein. Stellen Sie bei Besprechungen Fragen, die Ihr fundiertes Fachwissen unterstreichen.

Wenn Sie mehr können, als abgefordert wird, bringen Sie sich ein. Lassen Hierarchiegrenzen oder politische Gründe ein Einbringen Ihrer Kompetenz nicht zu, stellt sich auch hier wieder die Frage, ob Sie am richtigen Arbeitsplatz sind. Machen Sie sich eigenverantwortlich auf die Suche nach einer adäquaten Aufgabe, die Ihrem Unternehmen, Ihrer Abteilung oder Ihrem Chef nützlich sein wird. Schlagen Sie Ihrer Führungskraft Projekte vor, die Sie durchführen könnten, um ein bestimmtes Problem zu lösen oder Abläufe zu verbessern. Nutzen Sie Gesprächsgelegenheiten und erwähnen Sie beiläufig, welche Projekte sie bereits bei einem früheren Arbeitgeber, im Studium, bei Ihrem Auslandsaufenthalt in Angriff genommen und erfolgreich durchgeführt haben. Selbstverständlich können Sie Ihre Führungskraft auch direkt ansprechen und über Zukunftsperspektiven reden.

Kommt tendenziell eher vor bei: Freestyle-Typ, Paso-Doble-Typ

Was mache ich, wenn mein Boss mich absichtlich klein hält?

Sie haben grandiose Ideen, die wirklich nützlich für das Unternehmen oder für die Abteilung wären – aber Ihr Boss will absolut nichts davon hören? Lassen Sie uns offen darüber sprechen: Ja, es gibt Führungskräfte, die einen nicht weiterlassen und gezielt ausbremsen. Die glauben, Sie würden an ihrem Stuhl sägen, die neidisch sind oder die sich von Ihnen eingeschüchtert fühlen. Es gehört wahre innere Größe dazu, wenn eine Führungskraft Sie wirklich fördert und Sie unterstützt. Ich habe schon erlebt, dass eine Führungskraft zu einem Mitarbeiter gesagt hat: »In Ihnen steckt mehr. Sie sollten weiterkommen. Ich habe nichts dagegen, dass Sie eines Tages mal meine Führungskraft werden.« Wow! Das zeugt von Charakter und einer guten Fremd- und Selbsteinschätzung. Doch das schaffen nur die wenigsten. Die meisten versuchen verzweifelt, ihre Position zu verteidigen und auszubauen, mit zweifelhaften Ich-Chef-du-nix-Aktionen. Natürlich könnten Sie den Schreibtischstuhl höherkurbeln, bis Sie ihn überragen, aber was bringt das schon …? Also, Spaß beiseite, was können Sie tun, wenn Ihre Führungskraft Sie absichtlich klein hält?

- Wenn Ihre Vorschläge vom Chef abgewürgt werden, machen Sie sich anderweitig mit ihren guten Ideen sichtbar. Nehmen Sie zum Beispiel an Ideenoffensiven Ihres Unternehmens teil.
- Arbeiten Sie Ihre Ideen schriftlich (!) aus und geben die Dokumente Ihrer Führungskraft weiter. Etwas Schriftliches kann man nicht so leicht vom Tisch fegen.
- Fragen Sie aktiv bei Ihrer Führungskraft nach, ob sie Ihre Idee gemeinsam an den nächsthöheren Vorgesetzten weiterreichen sollten. Wenn Sie ihr zu anstrengend werden, wird sie Sie das spüren lassen, aber so merkt sie, dass es Ihnen wirklich wichtig ist. Und dann wissen Sie, woran Sie bei Ihrer Führungskraft wirklich sind. Lassen Sie sich nicht einschüchtern: Die Welt braucht Sie und Ihre guten Ideen. Immer her damit! Wenn nicht in dieser Firma, dann eben woanders.

Kommt tendenziell eher vor bei: Freestyle-Typ, Paso-Doble-Typ

Was mache ich, wenn mein Boss mich überfordert?
Meine Güte, da macht man einen doppelten Salto mit Dreifachschraube und landet perfekt mit den Armen nach oben gereckt auf dem Schreibtisch des Chefs – und er ist immer noch nicht zufrieden? Ja, was denn noch alles? Gibt man den kleinen Finger, ist der Arm ab. So schnell kann es gehen. Hier kann nur offene Kommunikation helfen. Bremsen Sie Ihren Chef, denn irgendwann muss mal Schluss sein. Was steht eigentlich in Ihrem Arbeitsvertrag und in Ihrer Stellenbeschreibung? Wenn Sie Aufgaben übernehmen (müssen), die über Ihr normales Pen-

sum hinausgehen, sprechen Sie es an. Klären Sie ab, wie sich die Prioritäten verschieben, wenn noch etwas dazukommt. Was darf und soll dafür wegfallen? Bitten Sie um Unterstützung. Wichtig ist dabei: Machen Sie rechtzeitig darauf aufmerksam, dass das Arbeitspensum nicht mehr zu schaffen ist. Treten Sie nicht erst bei 120 Prozent Stress auf die Bremse, sondern viel früher. Sie wollen und sollen einen guten Job machen … Ja, aber nicht über Gebühr. Denken Sie immer daran: Sie haben einen Arbeitsvertrag: Geld gegen Leistung! Wenn sich die ursprünglich vereinbarte Leistung stark erhöht, muss sich auch der Verdienst erhöhen. Will Ihr Chef also, dass Sie dauerhaft größere Verantwortung übernehmen, wird wohl eine Gehaltsverhandlung anstehen …

Die erste Frage, die sich stellt, lautet aber: Weiß Ihre Führungskraft überhaupt, dass Sie überfordert sind? Oder leiden Sie still vor sich hin und ertragen alles? Falscher Fehler, sage ich nur. Doch wie merzen Sie den aus? Machen Sie eine grobe Aufgabeninventur. Beobachten Sie eine Woche lang, was Sie alles zu tun haben beziehungsweise was Sie alles erledigen müssen. Fixieren Sie dies schriftlich und notieren Sie dazu, wie viel Zeit Sie für welche Aufgabe benötigen. Jetzt denken Sie: »Was? Protokollieren soll ich nun auch noch? Oh je, wann soll ich das denn noch machen? Ich schaffe die anderen Dingen doch schon nicht!« Bedenken Sie bitte: Die meisten Vorgesetzten überzeugen nur Zahlen, Daten, Fakten. Wenn Sie an Ihrer aktuellen Situation etwas ändern möchten, brauchen Sie stichhaltige Belege für Ihr Arbeitspensum. Und wer weiß – vielleicht fällt Ihnen beim Protokollieren schon auf, was Sie anders oder besser machen könnten. Wenn Sie alles zusammengetragen haben, bitten Sie um ein Gespräch. Legen Sie Ihrem Boss dar, was es alles zu tun gibt und fragen Sie ihn nach den Prioritäten. Sie müssen gar nicht mal sagen: »Ich fühle mich überlastet.« Oder noch schlimmer: »Ich schaffe meine Arbeit nicht!« Das wirft im Zweifel nur ein schlechtes Licht auf Sie und lässt Sie womöglich inkompetent wirken. Stellen Sie es lieber geschickter an, spielen Sie den Ball zurück und fragen Sie nach Wichtigkeiten und Prioritäten. So erfährt Ihre Führungskraft einerseits, was Sie alles erledigen, und Sie haben ab sofort (hoffentlich) eine klare Ansage, was bis wann erledigt sein muss und was zur Not liegen bleiben kann. So können Sie Ihre Aufgaben viel besser organisieren und Ihr Arbeitspensum reduzieren.

Wenn Ihre Führungskraft nie zufrieden mit Ihrer Arbeit ist und anfängt, pedantische Züge an den Tag zu legen, machen Sie klar, wie viel mehr Zeit eine erneute Überarbeitung der Sache in Anspruch nehmen wird und klären Sie ab, was mit der restlichen Arbeit in der Zwischenzeit passieren soll. Unterscheiden Sie konstruktive Kritik von Perfektionismus und Pedanterie. Gibt es wirklich etwas an Ihrer Arbeitsweise auszusetzen, können Sie um eine Weiterbildung bitten, damit Sie die hohen Ansprüche besser erfüllen können. Unzufriedenheit des Chefs kann aber auch die Qualität Ihrer Arbeit erhöhen, wenn er Sie durch seine Kommentare zu Spitzenleistungen anspornen will.

Kommt tendenziell eher vor bei: Salsa-Typ, Freestyle-Typ, Paso-Doble-Typ

Arbeitsorganisation

Was mache ich, wenn mein Boss viel unterwegs ist?
Egal ob auf Reisen oder in ständigen Meetings: Es kommt häufig vor, dass Mitarbeiter ihre Vorgesetzten selten zu Gesicht bekommen. Manchmal haben sie keine Chance, auch nur einen Satz mit der Führungskraft zu wechseln. Dabei gäbe es so viele wichtige Themen, die dringend besprochen werden müssten, damit die Arbeit vorangeht. Für eine gute und konstruktive Zusammenarbeit und die Vermeidung von Missverständnissen und Fehlern ist ein lebendiger Informationsfluss unabdingbar. Und das geht sogar, wenn Sie sich persönlich kaum sehen.

- Sprechen Sie das Thema Informationsfluss aktiv an. Schildern Sie, warum Sie regelmäßige Informationen brauchen und vereinbaren Sie klare Regeln.
- Geben Sie an, welche Informationen Sie konkret und regelmäßig benötigen.
- Halten Sie engen E-Mail-Kontakt mit Ihrem Vorgesetzten, indem Sie ihn proaktiv über Geschehnisse informieren. Fragen Sie aktiv nach Informationen, die Sie benötigen. Halten Sie Ihre E-Mails dabei kurz, knapp und auf den Punkt. Niemand hat Zeit und Lust, lange

Romane zu lesen. So ist Ihre Führungskraft laufend über Ihre Tätigkeiten und das Geschehen informiert und kann gegensteuern, wenn nötig. Ihre Führungskraft wird die E-Mails in einer ruhigen Minute lesen, und wenn etwas aus dem Ruder laufen sollte, wird sie sich schon melden. So kann Ihnen auch niemand einen Vorwurf machen, da Sie Ihre Tätigkeiten ganz nebenbei dokumentiert haben.

- Verabreden Sie wenn möglich und nötig feste Zeiträume für Telefon-Updates, wenn Ihr Chef unterwegs ist.
- Wenn Ihre Führungskraft diesen Informationsaustausch für überflüssig hält, dann überzeugen Sie sie mit Argumenten, wofür Sie ganz konkret Lösungen benötigen. Vielleicht entwickeln Sie in diesem Zuge auch einen höheren Verantwortungs- und Kompetenzbereich, da Sie ihr mehr Arbeit abnehmen (wieder ein schönes Argument für eine spätere Gehaltsverhandlung!).
- Fragen Sie Ihre Führungskraft nach der Vertretungsregelung, wenn sie nicht im Büro ist. Wer ist dann der Entscheider?
- Fragen Sie nach, ob Sie Einsicht in den Kalender Ihres Chefs erhalten könnten. So können Sie besser abschätzen, wann er etwas mehr Luft hat für ein kurzes Gespräch. Wenn es ein Sekretariat gibt, werden persönliche Termine ohnehin anders vereinbart.
- Nutzen Sie die technischen Möglichkeiten von Outlook & Co.: Vereinbaren Sie mit Ihrer Führungskraft entsprechende Kennzeichen, wie etwa die Prioritätenvergabe, die Nachverfolgungsregel oder gezielte Abkürzungen in der Betreffzeile bei E-Mails.
- Bereiten Sie Entscheidungsvorlagen kurz und knapp vor und senden Sie diese per E-Mail an die Führungskraft mit der Aufforderung: »Welche der beiden Optionen bevorzugen Sie? Wie ist Ihre Entscheidung?« Wenn ihr beide Vorschläge nicht zusagen, wird sie selbst eine weitere Lösung vorschlagen.

Kommt tendenziell eher vor bei: alle Typen, außer dem Blues-Typ. Bei ihm wird Ihnen kaum auffallen, dass er nicht da ist.

Was mache ich, wenn mein Boss wenig Zeit für mich hat?

Führen Sie »Boss-Minuten« ein. Effiziente Zusammenarbeit heißt, wie Sie mittlerweile wissen, vorausschauend handeln und strategisch mitdenken. Planen Sie mindestens einmal am Tag einen Austausch mit Ihrer Führungskraft ein, wenn es irgendwie geht. Ein routinemäßiges Gespräch zwischen Ihnen und Ihrer Führungskraft ist wichtig.

In den Boss-Minuten geht es um eine schnelle Taktung. Sie gehen Ihre Liste von wichtigen Anfragen und Fragen durch und holen sich eine Entscheidung, wie Sie weitermachen oder auf bestimmte Umstände reagieren sollen. Wenn viele Aufgaben zu erledigen sind, fragen Sie Ihren Chef immer nach Prioritäten und Deadlines.

Das sollte innerhalb von maximal fünf Minuten machbar sein. Doch dafür muss gelten: Boss-Minuten sind störungsfrei, das heißt es gibt keine Unterbrechungen per Telefon, SMS, E-Mail oder durch Kollegen. Diese Zeit ist heilig! Wenn Ihr Chef das nicht so sieht, machen Sie ihm die Wichtigkeit der Boss-Minuten klar: Es gibt in dieser Zeit kein wichtigeres Anliegen als die Absprache mit Ihrem Chef für eine reibungslose Zusammenarbeit. Ist Ihr Vorgesetzter skeptisch, schlagen Sie eine Probephase von ein paar Wochen vor, sodass er die Vorteile der Boss-Minuten erleben kann.

Wenn Sie eine tägliche Boss-Zeit einrichten können, kann diese auch nur eine Minute dauern. Können Sie Ihre Führungskraft nur einmal pro Woche sehen, braucht die Absprache in der Regel etwas mehr Zeit. Stellen Sie zudem sicher, dass der Termin sichtbar in beiden Terminkalendern eingetragen ist. Wenn Sie mit einem Gruppenkalender arbeiten, ist der Termin auch für alle anderen sichtbar. Kollegen oder andere Abteilungen könnten sich diesem Prozedere anschließen.

Doch was tun, wenn eigentlich die Boss-Minuten anstehen, Ihre Führungskraft Ihnen verbal oder nonverbal aber unmissverständlich zu verstehen gibt: »Jetzt nicht« – und das immer wieder? Dann hilft nur ein klärendes Gespräch. Fragen Sie Ihren Boss, wie Sie damit umgehen sollen und wie das Ganze zukünftig gehandhabt werden soll. Machen Sie deutlich, dass ohne Absprache die Qualität Ihrer Arbeit leiden wird. Eine Alternative wäre, wenn Ihr Boss Ihnen mehr Entscheidungsspielraum zugesteht. Das hätte durchaus seine Vorteile.

Wenn gar nichts mehr hilft, könnten Sie Ihre Führungskraft fragen, ob Sie dann mit Ihren Anliegen den nächsthöheren Vorgesetzten fragen sollen, um Entscheidungen zu bekommen. Zugegeben, das ist ein bisschen gemein, hilft aber in der Regel ungemein auf die Sprünge.

Kommt tendenziell eher vor bei: allen Typen, denn Zeitmangel ist keine Typfrage

Was mache ich, wenn mein Boss oft krank ist?
Selbstverständlich werden im längeren Krankheitsfall an anderer Stelle entsprechende Vertretungsregelungen getroffen, die Sie so gut wie möglich unterstützen. Mit diesem Vertretungs-Chef müssen Sie aber auch erst mal wieder tanzen lernen. Bleiben Sie aber grundsätzlich mit Ihrer »alten« Führungskraft – wenn möglich – in Kontakt, wenn das für beide okay ist.

Wenn der Chef chronisch krank ist, sind Sie als Mitarbeiter stärker in der Führungsrolle. Sie könnten Arbeit abfangen, sich selbst organisieren, den Chef auf dem Laufenden halten. Wie organisieren Sie sich am Besten im Team, wie ist die Sprachregelung für den langfristigen Ausfall, wie offen gehen Sie selbst im Team mit der Krankheit um? Je offener Sie die dadurch entstehenden Job-Probleme ansprechen, umso besser. Dann können entsprechende Lösungen gefunden werden. Machen Sie Listen mit unerledigten Themen, informieren Sie die nächsthöhere Führungskraft über anstehende Projekte, fangen Sie so viele Dinge ab, wie möglich. Vielleicht schicken Sie auch die ein oder andere Karte mit Genesungswünschen? Sicherlich freut sich die Führungskraft darüber. Rücken Sie im Team dichter zusammen. Sie hatten vorher wöchentliche Team-Meetings? Führen Sie diese weiterhin durch. Bleiben Sie eng im Kontakt und sprechen Sie sich ab, aber vor allem: Vergessen Sie Ihre Führungskraft nicht! Sie kommt ja wieder!

Kommt tendenziell eher vor bei: Überraschung! Alle Typen können krank werden.

Was mache ich, wenn mein Boss mir keine Informationen gibt?
Transparenz ist wichtig, denn ohne Transparenz leidet die Qualität der Arbeit auf beiden Seiten. Insofern ist ein guter Informationsfluss wichtig für die gute Zusammenarbeit im Team, besonders in der heutigen Zeit. Doch wenn Sie keine Information, egal ob aus Zeitgründen oder aus »Mauergründen« erhalten, organisieren Sie sich diese eben selbst. Es gibt viele Möglichkeiten an »Stoff« zu kommen.

- Organisieren Sie sich Protokolle und lassen Sie sich in den Verteiler aufnehmen.
- Bauen Sie sich ein Netzwerk unter Kolleginnen und Kollegen auf gleicher Hierarchie-Ebene auf. Jeder weiß immer ein bisschen und wenn Sie sich regelmäßig austauschen, kommt langsam etwas mehr Licht ins Dunkel.
- Hören Sie nicht auf, Ihre Führungskraft immer wieder zu fragen! Über welchen Kommunikationskanal Sie das tun, ist egal. Ob per E-Mail, ob persönlich, ob in den Boss-Minuten, ob telefonisch, ob in der Küche oder auf dem Flur. Nur so merkt sie, dass Sie die Information wirklich benötigen.
- Legen Sie Regelungen mit Ihrer Führungskraft fest, wie Sie zukünftig besser mit Informationen versorgt werden könnten. Vielleicht lassen Sie sich für den E-Mail-Account freischalten, wenn die Führungskraft damit einverstanden ist. Zumindest könnten Sie dies vorschlagen. Oder Sie legen eine Regel im E-Mail-System an, die automatisch bestimmte Absender-E-Mails an Sie weiterleitet, die zum Beispiel ein Protokoll enthalten.
- Arbeiten Sie schon mit gemeinsamen Laufwerken beziehungsweise gemeinsamen Ordnern, in die alle Teammitglieder ihre Daten ablegen? Auch das hat sich vielfach als nützlich erwiesen.
- Es gibt heutzutage viele Möglichkeiten, wie Sie mit Ihrem Team und mit Ihrer Führungskraft transparenter zusammenarbeiten können. Egal ob Sie in einem Großunternehmen tätig sind oder in einem Drei-Mann-Betrieb. Nutzen Sie die Technik von heute. Dafür ist sie

schließlich da. In Großunternehmen ist das meistens schon alles geregelt und Sie brauchen sich nur eine Freigabe zu holen. In kleinen Unternehmen helfen beim gegenseitigen Zugriff auf Dokumente zum Beispiel Online-Tools wie Dropbox (dezentraler Datenaustausch), Docs-Funktion von Google (Dokumente jeglicher Art), Slideshare (Austausch von Videos und Präsentationen). Aber das sollte selbstverständlich der IT-Fachmann für Sie lösen.

Kommt tendenziell eher vor bei: Salsa-Typ, Freestyle-Typ, Blues-Typ, Paso-Doble-Typ

Was mache ich, wenn mein Boss sich nichts merkt und ich alles wiederholen muss?

Der Kopf ist über den Computer geneigt, der Blick gesenkt und Sie können geradezu zusehen, wie er Ihnen *nicht* zuhört. Und dann sagt er noch ungeduldig: »Was gibt's? Reden Sie schon!« Dabei haben Sie ein wirklich wichtiges Thema, das es zu besprechen gilt und seiner vollen Aufmerksamkeit bedarf. Bieten Sie Ihrem Chef an, später wiederzukommen. Sprechen Sie sich mit seiner Sekretärin ab, wann ein günstiger Zeitpunkt ist.

Um während eines Gesprächs die Aufmerksamkeit des Chefs zu erhalten, können Sie Folgendes tun: Stellen Sie Blickkontakt her und setzen Sie Kunstpausen ein, um die Aufmerksamkeit wiederzuerlangen.

Falls Ihre Führungskraft dafür offen ist, versuchen Sie es mit Humor! Bleiben Sie einfach mal in einer Schleife hängen und wiederholen Sie die Info à la *Täglich grüßt das Murmeltier!* Tun Sie das aber nur, wenn Sie sicher sind, dass Ihre Führungskraft mit der Situationskomik gut umgehen kann. Eine Botschaft an Ihren Chef zu übermitteln, kostet Sie normalerweise nur wenig Zeit. Sie greifen zum Telefonhörer, schreiben eine E-Mail oder sprechen direkt mit ihm. Aber was passiert davor? Vorbereitung ist hier das A und O. Überlegen Sie sich: Welches Ziel verfolgen Sie mit Ihrer Botschaft? Ist Ihre Führungskraft mit den Inhalten der Botschaft vertraut? In welcher Stimmung ist Ihr Chef gerade? Bereiten Sie sich gut vor, verfassen Sie Ihre Botschaft so, dass Sie mit hoher Wahrscheinlichkeit von Ihrem Boss verstanden werden. Fassen Sie sich kurz, seien Sie präzise, beziehen Sie sich nur auf ein Thema pro

Botschaft und nehmen Sie dabei Rücksicht auf den Kenntnisstand, die Erwartungen und die Eigenarten Ihres Chefs.

»Davon habe ich ja noch nie gehört! Das haben wir nicht besprochen!« In solchen Momenten könnte man die Wände hochgehen und hier sind sie wieder, die Ihnen schon wohl bekannten Aggressionsfantasien. Aber es hilft nichts, egal ob aus strategischer Ahnungslosigkeit Ihrer Führungskraft oder tatsächlichem Gedächtnisverlust: Es gibt ein Problem. Damit so etwas in Zukunft nicht mehr vorkommt, sollten Sie gründlich vorarbeiten. Lassen Sie sich Wichtiges kurz bestätigen. Lassen Sie auch wichtige Entscheidungen von Ihrer Führungskraft noch einmal wiederholen: »Also, was genau soll ich jetzt machen?« Fixieren Sie die To-dos am besten schriftlich. So kann sich Ihr Chef im Nachhinein nicht herausreden.

Wenn es Aufgaben der Führungskraft sind, die sie ständig vergisst, sollte man über ein neues Organisationssystem nachdenken. Zeigen Sie Ihrer Führungskraft die Aufgabenliste in Outlook. Sprechen Sie mit der Sekretärin, damit sie sich mehr um die Organisation kümmert. Dafür ist sie schließlich da! Erinnern Sie Ihre Führungskraft regelmäßig an Termine oder fällige Entscheidungen. Begegnen Sie dem Thema auch gern mit Charme und machen Sie die eine oder andere heitere Anspielung. Aber Vorsicht: Verärgern Sie Ihre Führungskraft nicht!

Kommt tendenziell eher vor bei: Salsa-Typ, Discofox-Typ, Freestyle-Typ, Paso-Doble-Typ

Was mache ich, wenn mein Boss ein Chaot ist?

Wenn Ihre Führungskraft mit ihrem gelebten Chaos wunderbar zurechtkommt, prima. Dann ist es der eigene Stil und das sollten Sie respektieren, auch wenn Sie eine andere Arbeitsweise bevorzugen. Wenn Sie allerdings merken, dass Ihre Führungskraft immer wieder Termine verpasst oder bei der Abwicklung von Projekten ins Trudeln gerät, sollten Sie unterstützend eingreifen. Kann die Sekretärin Sie dabei unterstützen? Können Sie selbst in Jour-fixes, Boss Minuten oder in Meetings an wichtige Themen erinnern? Können Sie Zeitpläne entwerfen, die Sie selbst überwachen? Erinnern Sie Ihre Führungskraft rechtzeitig, wenn es etwas zu tun gibt.

Manchmal schleichen sich über die Jahre auch Gewohnheiten ein, und es werden aus lauter Bequemlichkeit die Dinge weiter so erledigt, wie es immer schon gemacht wurde. Achten Sie darauf, dass Ihre Führungskraft nicht in Routineaufgaben erstickt, die man längst viel effektiver und schneller lösen kann, und überprüfen sie proaktiv die Aufgaben auf ihre Aktualität.

Die humorvolle Variante wäre zum Beispiel die Einführung eines Belohnungssystems für gute Organisation. Immer wenn etwas positiv gelaufen ist beziehungsweise wenn Ihre Führungskraft etwas gut gemacht hat, gibt es Kekse oder Süßigkeiten (je nachdem was sie lieber mag). Klar, das geht natürlich nicht mit jedem Chef.

Kommt tendenziell eher vor bei: Salsa-Typ, Discofox-Typ, Freestyle-Typ, Paso-Doble-Typ

Was mache ich, wenn mein Boss mit den neuen Medien auf Kriegsfuß steht?

Es gibt tatsächlich noch Führungskräfte, die die neuen Medien ablehnen – aus den verschiedensten Gründen. Sie haben den Umstand erkannt und wollen Ihrem Boss taktvoll helfen. Zum Beispiel könnten Sie ihm erzählen, welche »Entdeckung« Sie in dem neuen Programm gemacht haben: »Wissen Sie eigentlich, dass man damit auch … Soll ich Ihnen das mal kurz zeigen? Es ist ganz einfach!« Oder Sie erzählen, dass Sie eine interessante Information aus der IT-Abteilung bekommen haben und es jetzt sehr gute Programme gibt, in denen gleichzeitig eine Videokonferenz läuft und jeder Zugriff auf den jeweils anderen Rechner hat. So können alle gleichzeitig sich nicht nur sehen, sondern auch noch gemeinsam arbeiten. Na, wenn das keine Revolution ist! Betonen Sie, wie viel Zeit und doppelte Arbeit gespart werden kann, wenn man für bestimmte Aufgaben auf die neuen Medien setzt. Keine Führungskraft sollte hier den Anschluss verpassen! Also, unterstützen Sie Ihren Chef so gut Sie können und teilen Sie Ihr Wissen!

Kommt tendenziell eher vor bei: Es ist keine Frage des Typs, ob der Chef das WLAN-Kabel sucht …

Was mache ich, wenn mein Boss mir zu viel Arbeit gibt?

Kennen Sie den Spruch: Eigentlich hatte ich heute viel vor. Jetzt habe ich morgen viel vor! Puh, nur der Gedanke an zu viel Arbeit lässt einen schon beschwerlich atmen. Dabei sollte doch alles leicht von der Hand gehen. Doch in der Realität werden immer mehr Aufgaben auf immer weniger Schultern verteilt. Wenn Sie ständig zu viel Arbeit haben und diese niemals in der normalen Arbeitszeit schaffen, gibt es nur zwei Gründe dafür: Entweder Sie arbeiten zu langsam, wovon ich jetzt einmal nicht ausgehe, oder Sie haben schlichtweg zu viel Arbeit.

Im letzteren Fall ist es definitiv eine Managerfrage, wie Sie damit umgehen sollen. Denn der Arbeitsvertrag, den Sie geschlossen haben ist auf eine wöchentliche Arbeitszeit begrenzt. Selbstverständlich hauen Sie einen Schlag rein. Und selbstverständlich machen Sie gern einmal Überstunden. Klare Sache, aber wenn das zum Dauerzustand wird … Oh je. Das kann nicht gesund sein. Wenn Sie das nicht stoppen, gibt es natürlich auch keinen Grund für Ihre Führungskraft, damit aufzuhören. Also stoppen Sie es. Nur wie?

- Ich sage nur: Zahlen, Daten, Fakten. Wenn Sie Ihre Führungskraft davon überzeugen wollen, dass Sie zu viel Arbeit haben, dann müssen Sie das beweisen können. Welche Aufgabe braucht wie viel Zeit? Welche Aufgaben haben Sie überhaupt?

- Versuchen Sie es durchaus mal mit Humor und stellen einen leckeren, gut duftenden Kuchen mit dem Schild auf: »Wer mir heute keine Arbeit gibt, bekommt dieses Stück Kuchen!«

- Denken Sie auch proaktiv über Lösungsmöglichkeiten nach. Gibt es eine Technik oder eine Software, die Ihnen Fleißarbeit abnehmen könnte? Könnte man zwei Berichte zu einem zusammenfügen? Wo könnten Sie insgesamt mehr Arbeit und Zeit einsparen?

- Könnte ein Kollege etwas mit erledigen? Könnte man die Aufgaben insgesamt besser aufteilen? Müssen wirklich alle Aufgaben erledigt werden?

- Fragen Sie gezielt nach Prioritäten. Bei der Gelegenheit können Sie gleich transparent kommunizieren, welche Aufgaben dann nicht mehr rechtzeitig zu schaffen sind.

- Führen Sie eine gemeinsame To-do-Liste mit Ihrem Vorgesetzten und besprechen Sie sich in den Boss-Minuten (siehe Tipp Was mache ich, wenn mein Boss wenig Zeit für mich hat?).
- Fragen Sie ruhig Ihre Führungskraft, ob nicht jemand anders die Aufgabe erledigen könnte, weil Sie gerade etwas anderes zu tun haben (das müssen Sie natürlich genau benennen!).
- Fragen Sie sofort nach der Dringlichkeit der Aufgabe, wenn Sie etwas frisch auf den Tisch bekommen, damit Sie das besser für sich einordnen können.
- Bitten Sie Kollegen um Unterstützung. Vielleicht gibt es ja welche, die nicht ausgelastet sind? So was soll es ja geben! Nutzen Sie das Mitarbeitergespräch, um über Ihr Arbeitspensum zu reden. Oder Sie warten gar nicht so lange, sondern suchen direkt das Gespräch mit dem Chef und sagen ihm, was los ist. Nur im allerhöchsten Notfall sollten Sie den Betriebsrat einschalten.

Kommt tendenziell eher vor bei: Salsa-Typ, Slowfox-Typ, Discofox-Typ, Freestyle-Typ, Paso-Doble-Typ

Was mache ich, wenn mein Boss mir ständig Arbeit auf die letzte Minute gibt?
Jedes Mal das Gleiche! Es ist fast Feierabend, Sie haben Ihren Arbeitsplatz schon aufgeräumt, da kommt der Chef herein. Sie ahnen schon, was kommt: »Ach, gut, dass Sie noch da sind! Ich hätte da noch schnell eine kleine Sache …«

Und die kleine Sache beschäftigt Sie dann wieder einmal eine gute halbe Stunde, dabei waren Sie doch verabredet. Ständig macht er das mit Ihnen! Was tun? Fragen Sie in Zukunft bereits eine Stunde vor Feierabend, ob Sie noch etwas für ihn erledigen können. Ansonsten fragen Sie direkt in der Situation, ob das nicht Zeit bis morgen hätte, weil Sie heute pünktlich gehen müssten. Sie werden staunen, wie oft Sie hören: »Aber sicher können Sie das auch morgen erledigen. Fiel mir nur gerade ein …«

Wenn Organisation nicht zu den Stärken Ihrer Führungskraft gehört und vorausschauende Planung schon gar nicht, dann nutzen Sie auch hier die Boss-Minuten (siehe Tipp *Was mache ich, wenn mein Boss wenig Zeit für mich hat?*), um sich abzusprechen. Bereiten Sie vorausschauend Dinge vor, fragen Sie aktiv nach Informationen und Vorlagen, die Ihnen die Zuarbeit erleichtern, wenn Sie wissen, dass Ihr Chef grundsätzlich solche Termine nicht auf dem Schirm hat.

Sie haben dafür keine Zeit? Dann sprechen Sie Ihre Führungskraft aktiv auf dieses Problem an. Ansonsten hilft nur, sich darauf einzustellen, also sich an einem Tag, an dem solche Sitzungen stattfinden, grundsätzlich nicht viel vorzunehmen, die Pobacken zusammenzukneifen und andere Arbeiten dafür zu verschieben (nützt ja nichts).

Kommt tendenziell eher vor bei: Salsa-Typ, Slowfox-Typ, Discofox-Typ, Freestyle-Typ, Paso-Doble-Typ

Was mache ich, wenn mein Boss zu viel allgemeine Fleißarbeit an mich delegiert?

Nichts gegen Fleiß. Fleiß ist sinnvoll und ein wichtiger Erfolgsgarant. Und manchmal schlägt Fleiß sogar Talent. Aber eben nicht nur! Meine persönliche Erfolgsformel lautet: Leidenschaft + Fleiß + Kontinuität + Unterstützer. Wenn Sie nur mit Fleißarbeiten zugeschüttet werden, bringt das keinen Spaß. Es sein denn, es ist Ihr Job und darüber hinaus ist nichts im Arbeitsvertrag vereinbart worden. Wenn Sie jedoch auch für andere Tätigkeiten eingestellt wurden:

- Machen Sie darauf aufmerksam, dass Sie eigentlich besser für ein bestimmtes Projekt geeignet wären, welches Sie lieber durchführen würden, da Sie hier für das Unternehmen am wertvollsten wären.
- Schlagen Sie eine »Workbox« vor, in der die Fleißarbeit gesammelt wird und teilen Sie diese mit anderen Kollegen.
- Machen Sie eine Aufwand-Nutzen-Analyse: Wie viel bringt all diese Fleißarbeit wirklich? Machen Sie konkrete Änderungsvorschläge.
- Wie bei allen anderen Aufgaben gilt: Legen Sie gemeinsam mit Ihrer Führungskraft Prioritäten fest. Wenn Sie für mehrere Vorgesetzte arbeiten, dann lassen sie die Chefs die Prioritäten bestimmen. Das ist nicht Ihre Aufgabe.

- Sprechen Sie es an, wenn es zu viel wird.
- Machen Sie Dinge einfach nicht mehr, die Sie nicht schaffen. Aber kommunizieren Sie das vorher, damit nichts Wichtiges durchrutscht. Fragen Sie: »Was kann ich zur Not liegen lassen?«
- Versuchen Sie es mit Humor und schlagen Sie sich selbst als »Mitarbeiter(in) des Monats« vor. Basteln Sie einen Rahmen mit Foto von sich darin und hängen sie es an Ihren Arbeitsplatz oder gar am Arbeitsplatz Ihrer Führungskraft auf, wenn diese etwas Spaß versteht. Das schafft womöglich eine Gelegenheit, um zu diesem Thema ins Gespräch zu kommen. Man kann nicht mehr als arbeiten!

Kommt tendenziell eher vor bei: Salsa-Typ, Freestyle-Typ, Paso-Doble-Typ

Was mache ich, wenn mein Boss die gleichen Aufgaben mehrfach vergibt?
Es gibt Führungskräfte, die mit der mehrfachen Aufgabenvergabe indirekt ein klares Misstrauen aussprechen. Wenn Sie das einmal herausgefunden haben, schlägt es garantiert nicht nur auf Ihre Motivation, sondern auch auf Ihre Laune! Warum machen das Führungskräfte? Im Zweifel, weil sie selbst unsicher sind und mehrere Ansätze benötigen. Oder sie prüfen Sie tatsächlich auf Ihre Kompetenz. Was können Sie tun? Zum einen könnten Sie sich mit ihren Kollegen abstimmen, immer die gleichen, oder ähnliche Ergebnisse zu liefern. Damit sind Sie zwar alle aus der Schusslinie, aber das eigentliche Problem ist nicht gelöst: der Mangel an Vertrauen. Ohne gegenseitiges Vertrauen ist jegliche Zusammenarbeit grundsätzlich schwierig. Das Ziel ist also, Vertrauen aufzubauen. Wie geht das?

- Indem Sie zeigen, was Sie können.
- Indem Sie sich eng mit Ihrer Führungskraft abstimmen.
- Indem Sie informieren und Ihre Aufgaben und Lösungen transparent machen.
- Indem Sie Ihrem Boss ein gutes und sicheres Gefühl geben.

Erst wenn eine Vertrauensbasis aufgebaut ist, wird Ihr Boss diese unfairen Spielchen nicht mehr nötig haben. Wenn Ihnen das zu aufwendig ist oder Sie ohnehin das Gefühl haben, dass es doch nichts mehr bringt, ist es an der Zeit sich zu fragen, ob dieser Job für Sie noch der richtige ist – oder ob Sie nicht besser den Tanzpartner beziehungsweise die Tanzfläche wechseln sollten.

Kommt tendenziell eher vor bei: Salsa-Typ, Freestyle-Typ, Paso-Doble-Typ

Was mache ich, wenn mein Boss ständig neue Prioritäten verteilt?

Eben war dies noch wichtig, jetzt ist das wichtig. Manchmal ändern sich Prioritäten im Minutentakt. Wie soll man da hinterherkommen? »Das muss bitte sofort erledigt werden.« – »Aber Chef, ich sollte doch erst das Protokoll dringend fertig schreiben?« – »Nein, vergessen Sie das, dies hier ist viel wichtiger!« Ständig wechselnde Prioritäten gehen einem auf die Nerven und verlangen ein hohes Maß an Flexibilität. Natürlich kann mal was Wichtigeres dazwischenkommen. Nimmt das Ganze jedoch überhand, kommunizieren Sie dies. Aber hüten Sie sich vor unangemessenen, bockigen oder sarkastischen Kommentaren wie: »Ja, was denn nun? Ich könnte ja auch erstmal die Außenfassade pink anstreichen!«

Fragen Sie lieber gezielt nach: »Okay, kann ich machen. Was soll ich dafür liegen lassen?« Kommen Sie raus aus der Schiene, alles selbst entscheiden zu müssen. Grundsätzlich gibt es die Unterscheidung zwischen dringlich und wichtig. Was ist also dringend und was ist einfach nur wichtig? Das müssen nicht Sie, sondern Ihr Chef entscheiden! Cheffführung heißt ihn zu führen, nicht alles selbst zu machen! Dann können Sie gleich der Chef sein.

Wenn Sie grundsätzlich mit Aufgaben überschüttet werden, ist das letztlich nicht mehr ihr Problem, sondern ein Managementproblem. Denken Sie immer an die 100 Prozent Arbeitseinsatz, die Sie vertraglich zugesichert haben – keine 180 Prozent. Das kann kein Dauerzustand sein. Fragen Sie nach, wie Sie damit umgehen sollen. Sollte Ihr Chef zu Ihnen sagen »Das ist nun mal so! Das bringt Ihr Job mit sich, also beschweren Sie sich nicht!«, hat er offensichtlich wenig Verständnis und Feingefühl und sieht das eigentliche Problem nicht. Arbeit ist ein Schritt-für-Schritt-Prozess, kein panisches und hektisches Abarbeiten.

Sie müssen nicht das ausbaden, was andere nicht auf die Reihe kriegen. Besonders schlimm ist das, wenn sie das letzte Glied in der Kette sind. Dann sammelt sich der ganze Schrott bei Ihnen und Sie sollen sich dann irgendwie durchwursteln. Das kann es aber nicht sein. Nur Sie allein können etwas dagegen tun, und zwar sich gut organisieren – und wenn das nicht hilft: Das Problem ansprechen und Lösungs- beziehungsweise Verbesserungsvorschläge machen.

Kommt tendenziell eher vor bei: Freestyle-Typ, Paso-Doble-Typ

Was mache ich, wenn mein Boss Stimmungsschwankungen hat?
Mal ist alles wunderbar und einfach, mal ist wieder alles besonders schwierig. Und das wechselt manchmal im Minutentakt. Es gibt Führungskräfte, die man einfach nicht einschätzen kann. Manchmal denkt man, dass diese Führungskraft die beste ist, die es überhaupt gibt, und dann schwenkt alles plötzlich in »komisches« Verhalten oder nicht nachvollziehbare Anweisungen um. »Der hat zwei Gesichter«, sagt man dann gern.

Stellen Sie sich auf Ihre Führungskraft ein. Studieren Sie, wann Ihre Führungskraft so und wann sie wieder ganz anders ist. Und dann versuchen Sie, ihre Reaktionen quasi vorherzusehen. Drücken Sie die richtigen Knöpfe und nehmen Sie die unangenehmen Seiten nicht so ernst, wenn es einigermaßen zu ertragen ist. Konzentrieren Sie sich auf das Positive und auf die Stärken Ihrer Führungskraft. Ist es für Sie erträglich, oder nervt es Sie zunehmend? Nur Sie können entscheiden, wie lange Sie das hinnehmen können oder möchten.

Kommt tendenziell eher vor bei: Salsa-Typ, Freestyle-Typ, Paso-Doble-Typ

Was mache ich, wenn mein Boss sehr viel Pausen macht?
Arbeitet Ihr Chef auch so selten, mit der Begründung: »Es soll ja etwas Besonderes bleiben«? Hier ein langes Mittagessen, da eine ausgiebige Raucherpause und ausgerechnet heute muss der Chef früher nach Hause gehen? Schon wieder? Und Sie sitzen da mit der ganzen Arbeit. Die Projekte stocken und Sie können nichts fragen oder vorantreiben. Ist

Ihre Führungskraft einfach nur faul, lebenslustig oder besonders delegierungsgeschickt?

Sprechen Sie Ihre Führungskraft persönlich an und vermitteln Sie ihr, dass es schwierig für Sie und für Ihr Team ist, wenn Sie sich nicht auf sie verlassen können. Sagen Sie ihr, dass Sie sich wünschen, dass Ihre Führungskraft das Team mit wertvollem Know-how und Input unterstützt und stärkt. Machen Sie ihr deutlich, dass es wichtig für Sie ist. Wenn sich danach auch nichts ändert, dürfen Sie das Problem durchaus an anderer Stelle vorbringen, zum Beispiel beim nächsthöheren Vorgesetzten, wenn dieses Verhalten massive Störungen im Workflow nach sich zieht. Fragen Sie diese wie Sie sich verhalten sollen. Fairness ist wichtig. Und wenn sich Ihre Führungskraft absolut unfair Ihnen und Ihren Kollegen gegenüber verhält, dann ist es nur fair, wenn Sie das unterbinden!

Kommt tendenziell eher vor bei: Discofox-Typ, Freestyle-Typ

Was mache ich, wenn mein Boss ein Kontrollfreak ist?

Wenn Ihre Führungskraft alles bis ins Detail kontrollieren will, ist sie entweder ausgesprochen gründlich, vertraut Ihnen oder den Umständen nicht, oder kann schlecht loslassen. Denken Sie immer an meinen Spruch: Gebt den Menschen das, was sie brauchen. Wenn Ihr Chef also viel Bestätigung und Rückmeldung braucht: Kommunizieren Sie. Teilen Sie Informationen mit ihm. Erzählen Sie ihm genau, wie sie vorgehen werden bei der Aufgabenstellung. Holen Sie sich Feedback in Zwischenschritten, damit Sie nicht wieder ganz von vorne anfangen müssen. So bekommt Ihr Boss immer mehr das Gefühl, alles im Griff zu haben. Bauen Sie Vertrauen auf, indem Sie Kompetenz zeigen. Bleibt es allerdings trotz allem bei endlosen Kontrollen, gibt es vielleicht andere Gründe. Vielleicht ist es ein Machtspielchen? Werden Sie bedrohlich für Ihre Führungskraft? Versucht sie Sie absichtlich klein zu halten? Oder ist sie selbst einfach nur extrem unsicher? Je genauer Sie die Gründe herausfinden können, desto besser können Sie darauf reagieren. Meistens steckt jedoch ein hoher Qualitätsanspruch dahinter.

Kommt tendenziell eher vor bei: Slowfox-Typ, Blues-Typ, Paso-Doble-Typ

Was mache ich, wenn meine Führungskraft hinter meinen Schreibtisch kommt?

Kennen Sie Vorgesetzte, die sich hinter Sie stellen und auf den Monitor schauen? »Na, dann machen Sie mal …« Holla, da stehen mir gleich die Nackenhaare zu Berge. Wenn jemand direkt hinter mir steht und »zusieht«, wie ich arbeite, kann ich plötzlich überhaupt nichts mehr. Ich kann zum Beispiel beim Schreiben ziemlich schnell in die Tasten hauen, aber wenn mir jemand dabei zusieht, klappt da gar nichts mehr. »Wie war das noch mit den Tasten? Ach ja, die muss man drücken oder so …«

Versuchen Sie alles, damit Ihr Chef es nicht in Ihren »Sicherheitsbereich« schafft. Stellen Sie eine Pflanze dorthin, verschieben Sie geschickt den Schreibtisch oder ziehen Sie vorher eine Schublade raus, die sie dann offen stehen lassen, sodass er nicht vorbei kommt, ohne sie aktiv schließen zu müssen. Bauen Sie einfach ein paar Hürden ein. Das dürfen Sie und verdeutlicht, wo Ihre Komfortzone verläuft.

Erinnern Sie sich noch an das Tanzbereich-Tool aus Kapitel 2. Sie dürfen Ihren Wirkungsbereich durchaus beanspruchen. Und das dürfen Sie auch kommunizieren. Sagen Sie Ihrem Boss: »Ich mache das sofort fertig und bringe Ihnen gleich das Ergebnis. Aber bitte stehen Sie nicht in meinem Rücken. Ich mag das nicht und kann so auch nicht arbeiten.« Sie dürfen das sagen. Also, erobern Sie sich wieder Ihren Arbeits- und Leistungsraum.

Kommt tendenziell eher vor bei: Salsa-Typ, Discofox-Typ, Paso-Doble-Typ

Mitarbeitermotivation

Was mache ich, wenn mein Boss mich nicht lobt?

Dies ist die Frage aller Fragen. Viel Unzufriedenheit entsteht durch mangelnde Wertschätzung. Doch mal ehrlich: Eine regelmäßige Champagner-Pyramide oder eine euphorische La-Ola-Welle für Routinearbeiten ist verdammt schwierig bis unmöglich einzufordern. Das machen Sie doch auch nicht für Ihren Boss – oder setzen Sie ihm jeden Tag eine Krone auf?

Hier gilt es also zu klären, wofür und von wem Sie sich Anerkennung wünschen. Verstehen Sie mich nicht falsch: Anerkennung ist wichtig im Job und eine wichtige Motivation. Doch zeigen Sie Gnade für Ihre Führungskraft und erwarten Sie nichts Unmögliches. Erzählen Sie Ihrem Boss, wie schwierig es war, eine bestimmte Aufgabe zu erfüllen. Erläutern Sie, mit welchen Schwierigkeiten Sie konfrontiert waren und wie Sie es letztlich doch geschafft haben, das Problem zu lösen. So fordern Sie unauffällig Wertschätzung ein. Und: Wenn Sie Wertschätzung erwarten, geben Sie erst einmal selbst welche. Sie wissen schon: Wie man in den Wald hineinruft ... Der bekannte Managementberater und Buchautor Reinhard K. Sprenger sagt sehr richtig: »Wertschätzung ist der Preis in einem Tauschgeschäft. Man muss um ihn kämpfen. Wertschätzung ist also eine Preis-Verleihung.«[6] Also, holen Sie sich Ihren Preis! Zum Beispiel direkt im Mitarbeitergespräch oder in den Boss-Minuten (Tipp *Was mache ich, wenn mein Boss wenig Zeit für mich hat?*). Hier könnten Sie in Form von Fragen herausfiltern, ob Ihre Führungskraft zufrieden mit Ihnen ist. »Sind Sie zufrieden mit meiner Arbeit? Was würden Sie sich noch wünschen?« Wenn dann immer noch keine Reaktion kommt, dann bleibt nur der Holzhammer – oder der Blumenhändler, bei dem Sie sich einfach selbst auf dem Nachhauseweg etwas gönnen.

Kommt tendenziell eher vor bei: Salsa-Typ, Blues-Typ, Freestyle-Typ, Paso-Doble-Typ

Was mache ich, wenn mein Boss mich ständig kritisiert und mir Vorwürfe macht?

Kaum sind Sie im Büro, da kriegen Sie schon die erste Kritik an den Hals. Dabei hatte bereits der gestrige Tag so geendet. Immer nur Mecker vom Meister! Meine Güte ... Ja, machen Sie denn gar nichts richtig? Nichts können Sie ihm recht machen. Nichts ist gut genug. Wenn Sie nicht gerade auf eine Tüte tägliche Kritik stehen, dann sollten Sie etwas ändern. Machen Sie darauf aufmerksam, was Sie gut gemacht ha-

---

6 *Wirtschaftswoche* Nr. 20, Ausgabe vom 12. Mai 2014

ben. Manchmal versetzt es Berge, wenn Sie das Muster durchbrechen. Machen Sie keine Vorwürfe, aber machen Sie durchaus deutlich, dass es Sie frustriert und demotiviert, wenn Sie immer nur kritisiert werden. Fragen Sie ganz konkret, was Sie besser machen können!

Hoher Stresspegel und enormer Zeitdruck sind bei Ihrer Arbeit ein ständiger Begleiter. Dabei können sich schnell kleine Fehler einschleichen. Natürlich ist das unangenehm für Sie. Wenn Ihre Führungskraft berechtigte Kritik hat, nutzen Sie solche Situationen positiv als Lernchance. Betreiben Sie aktives Fehlermanagement (siehe Kapitel 2).

»Das hätten Sie doch vorhersehen können! Warum haben Sie nicht reagiert? Schon letzten Monat haben Sie so schlampig gearbeitet. Ja, sind Sie denn von allen guten Geistern verlassen?« Puh, diese Ansage will eigentlich keiner hören! Lassen Sie den Löwen brüllen, gehen Sie bloß nicht in die Rechtfertigung. Wenn Ihr Chef Ihnen immer in diesem Ton Vorhaltungen macht und nicht konstruktiv mit Ihnen über Fehler redet, fragen Sie in ruhigem Ton nach, ob Sie auch sachlich darüber sprechen können. Ohne Vorwürfe, ohne persönlich zu werden. Sollte Ihre Führungskraft darauf antworten: »Das sind doch keine Vorwürfe, das sind reine Tatsachen!«, werden Sie es nicht leicht haben mit ihr.

Versichern Sie Ihrer Führungskraft, dass Sie gern dazulernen und sich verbessern möchten, damit so etwas nicht wieder vorkommt. Aber es sollte nicht um Vorwürfe, sondern um konstruktive Kritik, Feedback und Tipps gehen.

Kommt tendenziell eher vor bei: Salsa-Typ, Freestyle-Typ, Paso-Doble-Typ

Was mache ich, wenn mein Boss mich nicht motivieren kann?
Wie können Sie motiviert werden? Ich sage Ihnen: Im Grunde gar nicht! Denn motivieren können Sie sich nur ganz allein, da die beste Motivation aus Ihrem Inneren kommt (Stichwort Begeisterung und Flow!). Sie könnten im besten Fall von Ihrem Boss inspiriert werden. Aber wenn auch das nicht passiert, dann hilft es vielleicht, sich selbst kleine Belohnungen zu versprechen oder sich im Team gegenseitig zu bestätigen. Suchen Sie sich interessante Aufgaben, die Ihnen Spaß bringen. Machen Sie eine Weiterbildung, wenn es irgendwie geht, und

stärken Sie sich. Aber es geht auch noch anders: Die Führungskräfte, die am meisten inspirieren, sind die, die selbst hoch motiviert sind. Wenn Sie mit einem Menschen tanzen, erwarten Sie dann nicht auch, dass es ihm ebenfalls Spaß macht? Wer will denn schon so einen lustlosen, frustrierten, gelangweilten Frustbommel auf der Tanzfläche schleppend hinter sich her ziehen? Und ja, Sie dürfen sich eine Führungskraft wünschen, die ebenfalls Lust hat zu arbeiten. Die die eigene Arbeit mag und sie gern vollbringt. Die voran geht. Es muss ja nicht immer die große Leidenschaft am Arbeitsplatz sein, aber dass sie doch bitte zumindest selbst einigermaßen zufrieden ist. Sie dürfen sich wünschen, dass Ihre Führungskraft auch hinter ihren Entscheidungen steht. Sie dürfen sich wünschen, dass Ihre Führungskraft nicht nur das eigene, sondern auch Ihr inneres Feuer zum Lodern bringt, denn nur wer selbst begeistert ist, kann begeistern! Doch wie bringen Sie diese Begeisterung ins Spiel? Und wie können Sie Ihren Chef dazu motivieren, Sie zu motivieren? Indem Sie immer wieder die gleichen Werte leben und einfordern, die nun mal Grundlagen der Mitarbeitermotivation sind, wie zum Beispiel klare Aufgabenverteilung, Informationen einfordern, respektvollen Ton vorleben, Wertschätzung geben und erfragen, Zusagen einhalten, Entscheidungsprozesse inhaltlich vorbereiten, sodass Sie mit einbezogen sind. Kurz: einfach selbst begeistert sein und Lust an der Arbeit haben!

Kommt tendenziell eher vor bei: Ihnen selbst. Leider!

Was mache ich, wenn mein Boss mich nicht fördert?
Wenn Ihr Boss Sie nicht fördert, dann tun Sie es selbst! Suchen Sie sich Angebote aus, die Sie, Ihre Abteilung, Ihr Wirken und Ihren Chef wirklich voranbringen und gute Vorteile bringen. Und dann bereiten Sie sich vor, diese Weiterbildung auch zu bekommen. Und das können Sie ganz konkret tun, indem Sie Argumente sammeln. ZDF – (Zahlen, Daten, Fakten) ist hier das Zauberwort, denn bevor Sie um Förderung betteln oder auffällig unauffällig plötzlich überall entsprechende Prospekte herumliegen lassen (dieses Winken mit dem Zaunpfahl klappt schon nicht beim Lebenspartner), oder über den Betriebsrat scharfe Geschüt-

ze auffahren. Versuchen Sie es auf die überzeugende Art und Weise, indem Sie die Vorteile hervorheben. Fordern Sie aktiv eine Weiterbildung ein, wie Sie es aus Kapitel 2 kennen.

Hier sind beispielhafte Argumente, wie Sie Ihre Führungskraft davon überzeugen, dass eine Weiterbildung für Sie eine tolle Idee ist:

Mit der ausgesuchten Weiterbildung …

- setzen Sie die vereinbarten Ziele aus Ihrem letzten Zielvereinbarungsgespräch um,
- bieten Sie einen echten Mehrwert für Ihren Vorgesetzten,
- werden Sie deutlich resilienter (widerstandsfähiger) und belastbarer,
- erzielen Sie bessere und schnellere Ergebnisse,
- funktionieren die prozessorientierten Abläufe noch reibungsloser,
- wird ihre Hemmschwelle gegenüber Veränderungen gerade bei Umstrukturierungen geringer,
- konzentrieren Sie sich noch mehr aufs Wesentliche,
- behalten Sie Ihr Ziel klar im Fokus beziehungsweise definieren neue Ziele,
- aktivieren Sie Ihre inneren Ressourcen und Potenzial,
- verringert sich der Arbeitsdruck deutlich,
- erreichen Sie eine höhere Qualifizierung,
- wird der erhöhte Arbeitsaufwand in effizientere Bahnen geleitet.

Wenn Ihre Führungskraft ablehnt, fragen Sie nach den Gründen. Meistens liegt es am fehlenden Budget (»gutes« Killerargument) und nicht an Ihrer mangelnden Leistung. Aber das sollte und darf kein Argument sein für einen guten Arbeitgeber. Dann sollten Sie dies im nächsten Mitarbeitergespräch gleich von vornherein mit einkalkulieren. Signalisieren Sie dies Ihrer Führungskraft deutlich, damit auch sie besser planen kann, denn Sie als motivierter Mitarbeiter sollten auch weiterhin gefördert werden. Ein Job, in dem Sie Ihr Potenzial weiter für Ihren Arbeitgeber ausbauen und einbringen, sollte entsprechende Wertschätzung erfahren. Jedem wirklich guten Arbeitgeber ist es wichtig, dass Sie sich weiterbilden.

Ganz wichtig: Lassen Sie nicht gleich nach dem ersten Versuch locker. Bleiben Sie am Ball, betonen Sie bei passender Gelegenheit immer mal wieder dezent die Vorzüge dieser oder jener Weiterbildung.

Überzeugung funktioniert immer über Vertrauen. Und Vertrauen heißt immer viel Information. Das ist Ihr Part! Bereiten Sie also alle relevanten Informationen sorgfältig vor und kommunizieren Sie diese zu einem günstigen Zeitpunkt: Lassen Sie es geschickt einfließen, wenn gerade ein fachliches Problem hochkocht oder sprechen Sie die Sache noch einmal ganz gezielt an.

Kommt tendenziell eher vor bei: Salsa-Typ, Freestyle-Typ, Blues-Typ, Paso-Doble-Typ

Was mache ich, wenn mein Boss andere Kollegen immer hervorhebt?

»Haben Sie gesehen, wie der Schulze das macht? Einfach klasse! So wünsche ich mir das. Auch von Ihnen. Der ist locker, souverän und auf den Punkt. Schulze, wollen wir heute zusammen essen gehen?«

Damit sagt die Führungskraft eigentlich, dass sie unzufrieden mit Ihrer Arbeit ist. Das sollte sie anders kommunizieren. Aber gut, so ist sie nun mal. Sie müssen scheinbar das Beste daraus machen. Was könnte das sein? Ganz ehrlich: Sprechen Sie es bei nächster Gelegenheit offen an. »Sie heben den Schulze immer so hervor. Er macht ja auch einen guten Job. Gibt es etwas, was Sie an meiner Arbeit vermissen?« So! Da muss jetzt mal was kommen. Jetzt könnte Ihr Boss sagen: »Aber nein, alles gut. Ich behandle alle gleich – und gerade Sie können sich nun wirklich nicht beschweren! Ich behandle Sie doch äußerst zuvorkommend.« Oha, das wird schwierig. Also, wenn Ihre Führungskraft selbst nicht merkt, dass Sie ein Fehlverhalten an den Tag legt, dann machen Sie sie offen darauf aufmerksam. Sagen Sie ihr, dass Sie sich zurückgesetzt und vorgeführt fühlen, wenn er andere Kollegen so hervorhebt. Und wenn die Führungskraft darauf nicht eingeht, hat sie selber Schuld. Schade um die verschenkte Akzeptanz und den verlorengegangenen Respekt von Ihrer Seite. Aber muss man damit leben? Ist das dann aber noch Ihr richtiger Arbeitsplatz, wenn Ihr Potenzial nicht erkannt wird? Eine Führungskraft sollte jeden im Team stärken. Und wenn sie das nicht kann, dann ist sie fehlbesetzt.

Kommt tendenziell eher vor bei: Freestyle-Typ, Paso-Doble-Typ

Was mache ich, wenn mein Boss das Team nicht zusammenhält?
Ein gutes altes Sprichwort sagt: Der Fisch stinkt vom Kopf her. Tja, und wenn eine Führungskraft ein Team nicht zusammenhält, dann fehlt es ganz klar an Führungsstärke, Vertrauen, Transparenz und Akzeptanz von Teamarbeit. Und genau diese Werte sollten gefördert werden. Kluge Führungskräfte wissen das. Grundsätzlich ist es Gold wert, wenn man ein gut funktionierendes Team hat! Und wer das nicht erkennt, ist selbst schuld. Ich sage immer: »Du bist 100 Prozent, ich bin 100 Prozent. Dann haben wir schon mal 200 Prozent!« Und wenn eine Führungskraft ein Team mit acht Menschen hat ... Na, klingelt's? Wenn Sie merken, dass Ihre Führungskraft wenig Wert auf diese geballte Power legt, könnten Sie selbst etwas für den Zusammenhalt im Team tun. Spielen Sie sich aber nicht selbst als Chef auf, das kommt in den seltensten Fällen gut bei den Kollegen an. Besprechen Sie sich. Fragen Sie in die Runde. Diskutieren Sie Ergebnisse. Stellen Sie diese Ihrer Führungskraft vor. Machen Sie auf diesem Weg deutlich, wie nützlich Teamarbeit ist. Wenn Ihre Führungskraft Ihr Team nicht zusammenhält, tun Sie es selbst! Dennoch muss gesagt sein: Wenn eine Führungskraft den Wert eines guten Teams nicht erkennt, dann ist sie auch hier fehl am Platz, denn ein gut funktionierendes Team ist eine der wichtigsten Ressourcen im Unternehmen. Und ehrlich gesagt: Sie müssen sich auch nicht immer um alles kümmern. Kommunizieren Sie, dass Sie sich gute und bessere Teamarbeit wünschen. Dann würden die Leistungen auch noch besser. Es gibt so gute Angebote für die Verbesserung von Team-Angeboten. Schlagen Sie diese Ihrer Führungskraft doch mal vor.

Kommt tendenziell eher vor bei: Salsa-Typ, Freestyle-Typ, Paso-Doble-Typ

Was mache ich, wenn mein Boss kein Mitarbeitergespräch mit mir führt?
Ein Mitarbeitergespräch ist eine feine Sache. Es sorgt dafür, dass Sie im Kontakt bleiben, das Vertrauen gestärkt wird, Informationen ausgetauscht und Konflikte gelöst werden. Wenn es denn durchgeführt wird! Grundsätzlich ist das Mitarbeitergespräch dafür gedacht, dass man gemeinsam zurückschaut, aber auch vorausschaut. Was lief gut? Was lief nicht so gut? Wo steckt noch Entwicklungspotenzial? Wie ist die Erwartungshaltung auf beiden Seiten?

Mitarbeitergespräche müssen nicht, können aber durchgeführt werden. Wenn ein Unternehmen jedoch seine Personalpolitik ernst nimmt, wird sie solche Gespräche regelmäßig bei Einstellungen, nach Ende der Probezeit, bei Konfliktpotenzial oder einfach nur als regelmäßiges Instrument einsetzen. Hier können neue Verabredungen festgelegt, neue Ziele vereinbart oder einfach nur Dinge ausgesprochen werden, die in der Luft liegen. Und wie bei jedem Vertrag ist es gut, wenn am Ende zwei Unterschriften auf diesem Beleg stehen, da er so deutlich ernster genommen wird und eine Verbindlichkeit schafft.

- Fragen Sie gezielt nach, ob ein regelmäßiges Mitarbeitergespräch stattfinden könnte. Erkundigen Sie sich auch in der Personalabteilung, ob ein Mitarbeitergespräch gewünscht ist.
- Erinnern Sie Ihre Führungskraft daran, dass noch ein Mitarbeitergespräch aussteht. Wenn gar nichts hilft, bitten Sie die Personalabteilung oder den Betriebsrat um Unterstützung, wenn es ernste Themen zu besprechen gibt.
- Trick 17: Sagen Sie Ihrer Führungskraft, dass Sie in dem Mitarbeitergespräch gerne mal loswerden möchten, was Sie gut an ihr finden!

Kommt tendenziell eher vor bei: Salsa-Typ, Freestyle-Typ, Blues-Typ, Paso-Doble-Typ

Was mache ich, wenn mein Boss kein Feedback gibt?
Eine Rückmeldung in irgendeiner Form zu bekommen ist wichtig. Nur so können Sie sich verbessern und weiterentwickeln. Dies ist sozusagen das Maß, an dem Sie wachsen: Ihre Wertungspunkte, wenn wir im

Tanzbild bleiben wollen. Feedback geht in beide Richtungen, positiv wie negativ, wobei negativ nicht heißen soll, was Sie alles falsch gemacht haben, sondern ganz im Gegenteil.

Wenn Sie von Ihrer Führungskraft keine Orientierungspunkte bekommen, dann verschaffen Sie sich selbst einen Überblick: bei anderen Kollegen, in Fachzeitschriften, im Freundeskreis. Selbstverständlich können und sollten Sie sich eine Rückmeldung auch von Ihrem Chef einfordern, denn ein Feedback bedeutet auch immer, dass Ihre Arbeit gesehen und wertgeschätzt wird. Es ist selbstverständlich immer eine Frage des Tons und der Art und Weise, wie es vermittelt wird. Auch hier können Sie steuern, indem Sie gezielt einfach darum bitten.

Kommt tendenziell eher vor bei: Salsa-Typ, Blues-Typ

Was mache ich, wenn mein Boss meine Leistung anders beurteilt als ich selbst?

Na ja, wenn Ihr Chef Sie besser beurteilt, als Sie sich selbst, dann glauben Sie ihm ... und freuen Sie sich. Wenn es andersherum ist, bitten Sie um ein weiteres Gespräch, in dem dies genauer besprochen wird. Fragen Sie genau nach, warum die Führungskraft die Dinge so sieht und nicht anders. Lassen Sie sich im Detail erklären, warum Ihre Führungskraft Sie bei welchen Aufgaben oder Projekten so einschätzt, und begründen Sie, warum oder in welchen Punkten Sie das anders sehen. Vielleicht weiß Ihre Führungskraft ganz einfach viele Dinge nicht mehr und Sie müssen Sie daran erinnern, welche Leistungen Sie in den letzten Monaten erbracht haben. Hier ist es besonders wichtig, dass Sie selbst eine Art Protokoll über das Jahr gemacht haben, um zu dokumentieren, was Sie alles gestemmt haben. Vielleicht ist es aber auch so, dass Ihre Führungskraft mehr von Ihnen erwartet hat. Dann ist es umso wichtiger, dass Sie beide für die Zukunft daraus lernen und Aufgabenziele und -erfüllung besser planen und besprechen.

Wenn Sie zu keiner Einigung kommen, fragen Sie Ihren Chef, was Sie in Zukunft besser machen können. Dies ist übrigens auch ein wunderbarer Zeitpunkt, um nach einem Seminar oder einer Weiterbildung zu fragen. Haben Sie allerdings immer noch ein Grummeln im Bauch im Sinne von Unzufriedenheit, dann überlegen Sie gemeinsam, wie Sie dieses loswerden können. Finden Sie eine Einigung und entsprechende Kompromisse im gemeinsamen Dialog.

Kommt tendenziell eher vor bei: Salsa-Typ, Blues-Typ, Paso-Doble-Typ

Was mache ich, wenn mir mein Boss keine Gehaltserhöhung gibt?
Wenn Ihnen Ihr Chef versprochen hat, dass Sie eine Gehaltserhöhung bekommen, müssen Sie ihn doch nicht alle drei Jahre daran erinnern. Sie sind aber auch ungeduldig ... Spaß beiseite: Hier gilt, einfordern, einfordern und nochmals einfordern – mit Verhandlungsgeschick. Im Privatleben verhandeln Sie oft: Wenn Sie Kinderkleidung auf dem Flohmarkt kaufen oder im Baumarkt eine Macke an dem Werkzeug entdecken, mutieren Sie doch auch zum wahren Verhandlungskünstler. Warum also nicht bei Ihrer eigenen Gehaltsverhandlung? Welches sind die fünf größten Fehler, warum Sie keine Gehaltserhöhung bekommen?

Fehler 1: Mangelnde Vorbereitung.
»Ach, heute ist ja noch mein Mitarbeitergespräch. Ui, da frage ich gleich mal, ob ich mehr Geld bekomme!« Sie wollen unvorbereitet in eine Gehaltsverhandlung gehen, einfach so spontan? Na, viel Erfolg dabei! Wo sind Ihre unschlagbaren, stichhaltigen Argumente? Warum »verdienen« Sie mehr Geld?

Fehler 2: Falsche Bescheidenheit.
»Aber mein Chef weiß doch, dass ich gut bin. Er sieht es doch jeden Tag.« Der Klassiker! Nach dem Motto: Wenn ich mehr Geld verdiene, wird das mein Chef schon von selbst anbieten. Ich nenne es die »Frauen-Falle«, denn der Falsche-Bescheidenheit-Fehler ist besonders bei Frauen beliebt!

Fehler Nr. 3: Absolut falscher Zeitpunkt.
»Ach, wo ich Sie gerade treffe, ich hätte da mal eine Frage ...« Gehaltsverhandlungen führt man nicht zwischen Tür und Angel. Auch dies gehört zur professionellen Vorbereitung.

Fehler 4: Fehlendes Selbstvertrauen.
»Eigentlich denke ich, dass es jetzt wohl ganz gut wäre, wenn ich eine Gehaltserhöhung bekommen würde oder könnte … oder?« Wenn Sie nicht von sich selbst überzeugt sind, wie wollen Sie dann andere überzeugen? Das kann nur schiefgehen!

Fehler 5: Den Killerargumenten des Chefs erliegen.
»Ich würde Ihnen ja gerne mehr Geld geben. Gerade Ihnen! Verdient haben Sie es allemal, aber leider, leider sind mir die Hände gebunden. Vorstandsbeschluss … Sorry.« Wie ist Ihre Antwort? »Ach, das ist aber schade. Tja, da kann man wohl nichts machen. Trotzdem vielen Dank!« Falsch! Lassen Sie sich nicht so schnell unterbuttern. So gehen Sie vor, wenn Sie neu über Ihr Gehalt verhandeln wollen:

Planen Sie Ihren Gehaltstermin beim Chef auf jeden Fall mittel- bis langfristig. Am besten Sie sammeln das ganze Jahr Argumente: Warum sollten Sie mehr Geld bekommen? Welchen Nutzen bringen Sie dem Unternehmen? Können Sie das eventuell in Zahlen ausdrücken?

Liefern Sie erst die Arbeit – dann das (Geld-)Vergnügen. Ausnahme: Wenn im Vorhinein zusätzliche Projekte vereinbart werden. Dann erweitert sich Ihr Aufgabenspektrum enorm, was gleich honoriert werden sollte.

Zeigen Sie Verständnis für schwere Zeiten, doch lassen Sie sich davon nicht einschüchtern: »Natürlich verstehe ich die Situation, dennoch möchte ich darauf aufmerksam machen, dass …«, und das machen Sie bei jedem Killerargument Ihres Chefs. Argumentativ, respektvoll, fundiert. Wenn man Ihnen aktuell wirklich keine Gehaltserhöhung geben kann, denken Sie an Alternativen. Was könnte Ihnen die Firma Gutes tun? Eine Prämie oder eine Weiterbildung bezahlen, einen Firmenwagen zur Verfügung stellen, zusätzliche Urlaubstage zugestehen, ein besser gelegenes Büro oder neue Büromöbel zur Verfügung stellen … Es gibt so viele kleine Annehmlichkeiten. Alles nur Verhandlungssache. Viel Glück!

Kommt tendenziell eher vor bei: Wenn es ums Geld geht, sind alle Typen gleich!

Was mache ich, wenn mein Boss seine Versprechungen nicht hält?

»Aber sicher bekommen Sie eine Gehaltserhöhung/Weiterbildung/Arbeitsentlastung, fest versprochen!« Und doch hört man nie wieder davon. Kennen Sie solche leeren Versprechungen? Man redet schon viel, wenn der Tag lang ist, da wird eben schnell mal etwas versprochen – damit wieder Ruhe im Karton, äh in der Abteilung ist.

Wenn Sie feststellen, dass Ihr Boss einer ist, auf dessen Wort allein man sich nicht verlassen kann, hilft die gute alte Aktennotiz. Ja, es gibt sie noch. Heute kommt sie etwas moderner daher, etwa in Form einer E-Mail-Bestätigung. Hier könnten Sie schreiben: »Vielen Dank für das konstruktive Gespräch. Ich möchte die wichtigsten Punkte noch einmal kurz zusammenfassen. Wir hatten uns darauf geeinigt, dass …« Am Ende bitten Sie höflich um eine kurze Rückmeldung, ob Sie alles richtig notiert haben. Legen Sie sich solche Absprachen immer auf Wiedervorlage und erinnern Sie Ihre Führungskraft von Zeit zu Zeit daran. Und dann werden Sie irgendwann verbindlich, indem Sie um einen entsprechenden Termin bitten, um konkret darauf einzugehen und das Versprechen erfüllt zu bekommen.

Kommt tendenziell eher vor bei: siehe oben!

Was mache ich, wenn mein Boss einen Kollegen bei der Beförderung bevorzugt?

Da arbeiten sie jahrelang auf diesen Karriereschritt hin, und plötzlich bekommt der Kollege die von Ihnen begehrte Stelle. Unfassbar. Ein Schlag in die Magengrube. Dabei hatte Ihre Führungskraft Ihnen so viel Hoffnung gemacht. Reagieren Sie jetzt bitte auf keinen Fall emotional, zumindest nicht im Büro. Schreien Sie, schlagen Sie, kotzen Sie – aber nicht im Geschäft. Schimpfen Sie, lästern Sie, verwünschen Sie – aber machen Sie das zu Hause oder im Auto oder sonst wo. Lassen Sie erst einmal Ihren Frust ab. Erst dann (!) gehen Sie zu Ihrer Führungskraft und fragen Sie nach. Erst dann (!) fragen Sie, warum der Kollege die Stelle bekommen hat und nicht Sie. Erst dann (!) sind Sie bereit, um wirklich einigermaßen sachlich und rational über das Thema sprechen zu können. Sagen Sie Ihrem Chef, dass Sie sehr enttäuscht sind, da Sie angenommen hatten, dass

Sie für diese Position vorgesehen waren. Fragen Sie nach, ob die Führungskraft noch andere Alternativen oder Chancen für Sie sieht. Fragen Sie, was den Kollegen besser qualifiziert, aber bleiben Sie sachlich und versuchen Sie, diesen Tiefschlag als Lernprozess zu sehen.

Werden Sie allerdings grundsätzlich immer nur hingehalten, sollten Sie überlegen, warum das so ist und ob Ihre Führungskraft Sie absichtlich klein halten will (siehe Tipp *Was mache ich, wenn mein Boss mich absichtlich klein hält?*). In letzterem Fall ist es an der Zeit, über einen Jobwechsel ernsthaft nachzudenken. Gehen Sie woandershin, wo man Sie groß sein lässt, wo Sie Ihr Know-how und Ihr Potenzial einbringen können.

Kommt tendenziell eher vor bei: Freestyle-Typ, Paso-Doble-Typ

Was mache ich, wenn mein Boss nicht hinter mir steht oder mir sogar in den Rücken fällt?

Eins dürfen Sie nie vergessen: Es gibt immer einen, der hinter Ihnen steht: Ihren Hintern! Spaß beiseite. Das fühlt sich überhaupt nicht gut an, wenn eine Führungskraft nicht hinter einem steht. Das ist wie offene Ablehnung. Ich habe es andersherum erleben dürfen, dass meine Führungskraft sich immer, auch bei unwichtigen Dingen, stets hinter mich gestellt hat. Fühlt sich verdammt gut an, wenn man so unterstützt wird. Er konnte sich sicher sein: Für ihn würde ich es ebenso tun! Immer! Und was nicht gut war, haben wir später besprochen.

Das Leben und Wirken von Menschen an einem Arbeitsplatz ist erst mal eine wild zusammengewürfelte Zweckgemeinschaft. Es ist nicht immer leicht, daraus ein funktionierendes Team zu machen. Was gibt es für Typen in dem Team? Wie ticken die Kollegen? Ist Ihre Führungskraft sich selbst am nächsten, wenn es unangenehm wird? Ist Ihre Führungskraft vielleicht sogar ein Costa-Concordia-Kapitän? Na wunderbar, schlimmer geht's nimmer. Wenn Ihre Führungskraft alle Schuld auf die Mitarbeiter schiebt, wenn es unangenehm wird, oder sie gar im Regen stehen lässt, dann ist das Vertrauen Ihrerseits verständlicherweise komplett im Eimer! Warum sollten Sie sich als wertvolle Arbeitskraft noch für so jemanden anstrengen? Wenn sich auch nach wiederholtem Ansprechen keine Besserung zeigt, gibt es im Grunde nur zwei Möglichkeiten: Entweder Sie machen nie wieder in Ihrem Arbeitsleben einen Fehler oder Sie suchen sich einen neuen Job! Wenn Sie offiziell Ihrem Chef widersprechen, wenn er Ihnen mal wieder in den Rücken gefallen ist, wird es auf Dauer noch schlimmer bis unerträglich. Also, was tun Sie? Es weiter ertragen?

Kommt tendenziell eher vor bei: Freestyle-Typ, Blues-Typ, Paso-Doble-Typ

Was mache ich, wenn mein Boss mir nicht vertraut?

Weiß Ihre Führungskraft denn, dass Sie vertrauenswürdig sind? Konnten Sie das schon einmal unter Beweis stellen? Wahrscheinlich nicht, wenn Sie sich diese Frage stellen. Was ist eigentlich Vertrauen? Das Gegenteil von Misstrauen. Geht das einher mit vielen Kontrollen? Sicherlich sollte einer Führungskraft bewusst sein, dass ein Mitarbeiter niemals die Aufgabe so erfüllt wie sie selbst. Seit Jahren machen Sie bereits immer den gleichen Bericht und seit Jahren ist er überwiegend fehlerfrei, also warum wird er noch immer bis ins Detail kontrolliert? Nehmen Sie Ihrer Führungskraft ein bisschen den Wind aus den Segeln und geben ihr das Gefühl, dass Sie wirklich alles, aber auch alles geprüft haben. Sagen Sie Ihr zum Beispiel: »Hier ist der Bericht. Die Vorjahre sind auch geprüft. Ebenfalls die Formeln gecheckt. Außerdem habe ich eine Plausibilitätskontrolle durchgeführt. Mit den anderen Abteilungen ist alles abgestimmt.« Irgendwann wird auch eine noch so kritische Führungskraft es einsehen müssen, dass sie Ihnen vertrauen kann. Fragen Sie Ihre Führungskraft, was Sie für sie tun können, damit sie besser loslassen kann.

Kommt tendenziell eher vor bei: Salsa-Typ, Freestyle-Typ, Paso-Doble-Typ

Unhöflichkeiten im eigenen Tanzbereich

Was mache ich, wenn mein Boss schlechtes Benehmen hat?

Ihr Chef popelt in der Nase und es sind Spuren davon auf dem Dokument zu finden, das er Ihnen gibt. Er bekleckert sich mit Essen, kratzt sich mit der Gabel am Kinn, fuchtelt mit dem Messer beim Tischgespräch herum und benutzt seine Hose als Serviette? Igitt! Vor dem wichtigen Meeting mit Geschäftspartnern haut er sich Gyros mit Tsatsiki rein, mit extra Knoblauch, und das Deo hat er wohl heute Morgen in der Hektik nicht gefunden? Na, das kann ja heiter werden. Aber ansonsten ist er ein herzensguter Mensch, finden Sie …

Nun wollen Sie als Mitarbeiter einen guten Job machen und stehen hinter Ihrem Chef, auch wenn er der »Flodder« unter den Chefs ist. Außerdem sind solche Benimm-Themen heikel. Wie geht man damit um? Heimlich die Augen verdrehen? Können Sie machen, bringt aber keinerlei Besserung, garantiert. Es ansprechen? Kommt darauf an. In Gegenwart von anderen, vor allem vor Kunden und Geschäftspartnern, sollten Sie das alles übergehen oder besser gesagt übersehen oder überspielen, um die Situation irgendwie zu retten. Ansonsten gehen Sie am besten als Vorbild voran und »zeigen« Ihrem Chef durch Ihr Verhalten, wie es richtig geht. Wenn Ihr Boss allerdings nicht zu den Schnellmerkern gehört, was in diesem Fall wahrscheinlich ist, macht auch das wenig Sinn. Was soll ich sagen: Entweder Sie ertragen, dass Ihr Chef mit der Büroklammer in den Ohren pult oder lautstark ins Taschentuch trötet (immerhin benutzt er eins!) und stellen sich lieber einen George Clooney oder eine Heidi Klum vor, oder Sie konzentrieren sich bei solchen Gelegenheiten, oder besser gesagt bei solchen Verlegenheiten, krampfhaft auf Ihr Mantra der positiven Dinge (Ja, er pult mit der Büroklammer im Ohr, aber …).

Sofern Sie ein passables Verhältnis zu Ihrem Chef haben, können Sie auch im vertraulichen Gespräch behutsam das Thema ansprechen. Achten Sie aber auf einen taktvollen Umgang. Wenn Sie es etwas offensichtlicher machen möchten und Ihr Chef einen guten Sinn für Humor hat, dann schenken Sie ihm ein Knigge-Buch, eine große Schachtel Q-Tips oder einen Gutschein für ein Benimm-Seminar.

Kommt tendenziell eher vor bei: Freestyle-Typ, Blues-Typ, Paso-Doble-Typ

Was mache ich, wenn mein Boss mich morgens nicht grüßt?
Klar, ist im Grunde unhöflich, aber mal ehrlich: Wenn Sie wissen, dass Ihr Chef ein totaler Morgenmuffel ist und vor dem ersten Kaffee kein freundliches Wort über seine Lippen kommt – was soll's! Es kann nicht

jeder eine Frohnatur sein und frühmorgens quietschfidel durchs Büro hüpfen (kann ja mitunter auch sehr anstrengend sein). Gönnen Sie ihm die Zeit zum Wachwerden, geben Sie sich auch mit einem wortlosen Nicken als Ersatz für ein »Guten Morgen« zufrieden, dann läuft es auch über den Tag geschmeidiger. Wenn Ihre Führungskraft nicht merkt, dass Sie ihr Verhalten unhöflich finden und Ihnen das ein Herzensanliegen ist, sprechen Sie es an. »Störe ich Sie morgens, wenn ich Sie grüße? Möchten Sie lieber Ihre Ruhe haben?« Doch im Vergleich zu anderen Chef-Stolperern ist das im Grunde ein Luxusproblem. Wenn Sie sonst nichts an Ihrem Vorgesetzten zu meckern haben, können Sie sich glücklich schätzen.

Ist allerdings die Übellaunigkeit ein Dauerphänomen, das sich nicht nach dem Morgenkaffee erledigt, oder das Verhalten depressive Züge annimmt, lesen Sie in den Tipp *Was mache ich, wenn mein Chef ständig schlechte Laune hat?*. Das können und müssen Sie nun wirklich nicht dauerhaft ertragen.

Kommt tendenziell eher vor bei: Salsa-Typ, Freestyle-Typ, Blues-Typ, Paso-Doble-Typ

Was mache ich, wenn mein Boss meinen Geburtstag vergisst?
Auch ein Luxusproblem, aber ich kann verstehen, dass es einen Mitarbeiter wurmt, wenn der Chef ihm nicht zum Geburtstag gratuliert. Schließlich besteht ein Arbeitsverhältnis aus mehr als Leistung und Gehalt, wir bringen uns mit Herzblut ein. Da grenzt es an mangelnde Wertschätzung, wenn der Geburtstag (vielleicht sogar ein Jubiläum!) einfach übergangen wird. Das kann aus allgemeiner Vergesslichkeit heraus passieren oder es liegt an einer schlechten Organisation – manchmal kommt beides zusammen.

Was also tun, wenn Ihr Chef die Jubeltage vergisst? Ganz einfach: Erinnern Sie ihn daran oder machen Sie seine Sekretärin darauf aufmerksam, damit sie daran denkt, ihn zu erinnern. Machen Sie ein paar Tage vorher schon eindeutige Anspielungen. Laden Sie einen Tag vorher schon zum Geburtstagsumtrunk ein. So kann nicht mehr viel schiefgehen.

Kommt tendenziell eher vor bei: Salsa-Typ, Freestyle-Typ, Blues-Typ, Paso-Doble-Typ

Was mache ich, wenn mein Boss arrogant ist und mich »Kindchen« nennt?
»Kommen Sie Kindchen, das kann doch nicht so schwer sein! Das schaffen Sie schon!« Wie arrogant! Ich sage nur: Hochmut kommt vor dem Fall! Immer dann, wenn sich jemand erhöht, macht er sein Gegenüber kleiner. Das ist wohl kalkuliert und wahrscheinlich irgendwann mal als funktionierendes Muster in die Persönlichkeit eingezogen. Arrogantes Verhalten hat laut meiner Küchenpsychologie immer etwas mit mangelndem Selbstwertgefühl zu tun. Ich persönlich glaube, je bewusster uns unsere Stärken sind, desto mehr Selbstvertrauen haben wir. Und wer mehr Selbstvertrauen hat, hat auch mehr Selbstsicherheit. Und damit steigt insgesamt das Selbstwertgefühl. So könnte die logische Abfolge sein. Bei einigen ist diese Abfolge vielleicht nicht besonders oder ausreichend gefördert worden und deshalb muss man irgendwie nachhelfen. Von außen zuführen, was im Inneren nicht ist, sozusagen. Und daraus entstehen meiner Meinung nach solche arroganten Verhaltensweisen. Aber wie gesagt, das ist reine Küchenpsychologie.

Wie reagieren Sie jetzt, wenn Sie so ein Exemplar vor sich haben, das Ihnen vielleicht sogar noch selbstgefällig auf die Schulter tätschelt? Hier dürfen Sie gern sagen: »Bei allem Respekt, aber ich bin nicht Ihr Kindchen!« Und Anfassen geht in Unternehmen übrigens mal gar nicht. Das ist absolut tabu (von den Geburtstagsumarmungen mal abgesehen, wenn das bei Ihnen so üblich ist). Also: die Schulter wegziehen, sich der Führungskraft körperlich entziehen beziehungsweise ausweichen und durch die Körpersprache signalisieren, dass das gerade voll daneben war. Ihr Boss wird es merken und es hoffentlich mit der Zeit lassen. Verteidigen Sie Ihren Tanzbereich, Ihre Sicherheitszone!

Begegnen Sie Ihrer Führungskraft weiterhin auf Augenhöhe und machen Sie sich selbst auf keinen Fall kleiner und werden wirklich zum »Kindchen«. Dies ist ein Job und keine Familienzusammenführung. Zusammenarbeit ist etwas anderes, als von Mutti oder Papi angeleitet zu werden. Und das dürfen Sie Ihrem Boss unmissverständlich immer wieder freundlich, aber bestimmt klarmachen.

Eine etwas humorvollere Lösung ist das sogenannte Macho-Schwein – ein süßes Sparschwein, das gerne Macho-Sprüche futtert

(5 Euro in die Macho-Kasse bitte!). Ich kenne einige Büros, in denen so ein Schweinchen steht.

Kommt tendenziell eher vor bei: Freestyle-Typ, Paso-Doble-Typ

Was mache ich, wenn mein Boss keine Rücksicht auf Familien mit kleinen Kindern nimmt?

Familie und Beruf unter einen Hut zu bringen, ist schon schwer genug, ohne dass der Boss dazwischen grätscht. Wenn Sie hier Defizite erkennen und sich mehr Unterstützung wünschen, hilft aber nur eins: Sie müssen es einfordern!

Hier sind einige Tipps, wie Sie Ihre Führungskraft darauf ansprechen können, dass auch in Ihrem Unternehmen etwas mehr Bereitschaft für eine Beruf-Familien-Integration geschaffen werden könnte: Erkundigen Sie sich erst einmal ganz allgemein, wie das Unternehmen zu Eltern-Kind-Programmen steht und ob es solche im Unternehmen gibt (Sie werden staunen, was Sie so alles erfahren, wenn Sie einfach fragen!).

- Besprechen Sie sich mit anderen Kollegen, die in einer ähnlichen Situation sind und finden Sie eventuell gemeinsam individuelle Lösungen.
- Fragen Sie ganz konkret, was das Unternehmen Ihnen rät. Gibt es vielleicht mal einen Vortrag von einer Organisation, die sich mit Familienbetreuung im Allgemeinen auseinandersetzt? So kommt das Unternehmen etwas in Zugzwang.
- Informieren Sie sich im Markt nach Unternehmen, die Familienprogramme für Unternehmen fördern und sprechen Sie diese an, wie auch Sie unterstützt werden können. So kommen vielleicht erste Gespräche auch mit dem Unternehmen zustande.

Es lohnt sich, am Ball zu bleiben, denn viele Unternehmen haben die Vorteile von Familienfreundlichkeit erkannt.

Kommt tendenziell eher vor bei: Salsa-Typ, Freestyle-Typ, Blues-Typ, Paso-Doble-Typ

Was mache ich, wenn mein Boss mir das Du anbietet, ich das aber nicht möchte?

Dann sagen Sie es ihm! Selbstverständlich müssen Sie das nicht tun. Es ist völlig legitim beim Sie zu bleiben. Selbst wenn sich die ganze Abteilung duzt. Das stört auch in keinster Weise den Teamgeist oder Zusammenhalt der Gruppe. Eine klare Vorgabe schafft Akzeptanz. Ich habe mal in einem Unternehmen gearbeitet, da wurde auf schriftliche Anordnung darauf bestanden, dass wir uns nach der Fusion doch alle duzen sollten. Das war schrecklich, denn ich wollte hohe Respektträger nicht plötzlich auf Anordnung anderer duzen. Und die wollten das eigentlich auch nicht. Wir haben so gut es ging vermieden, uns persönlich anzusprechen und sind Gott sei Dank wieder beim Sie gelandet.

Wenn Ihre Führungskraft Ihnen das Du anbietet, dann könnten Sie Folgendes sagen: »Oh, das ist aber eine Überraschung. Vielen Dank für Ihr Vertrauen, aber ganz ehrlich: Ich habe ein Prinzip, dass ich mich am Arbeitsplatz mit keinem Vorgesetzten duze, da ich die Erfahrung gemacht habe, dass es zu unangenehmen Konflikten führen könnte. Es hat überhaupt nichts mit Ihnen zu tun, aber ich würde mich deutlich wohler fühlen, wenn wir es so belassen könnten. Dennoch danke ich Ihnen!« So stoßen Sie Ihrer Führungskraft nicht vor den Kopf und haben für sich die Situation gerettet. Oder Sie wählen die Zwischenvariante und schlagen das »Sie« und den Vornamen vor.

Kommt tendenziell eher vor bei: Salsa-Typ, Discofox-Typ

Was mache ich, wenn mein Boss mich ständig im Urlaub anruft?

Ganz einfach: Lassen Sie das Geschäftshandy zu Hause, wenn Sie schon vor der Abreise ahnen, dass Ihre Führungskraft Sie sonst ständig mit (mehr oder weniger unsinnigen) Fragen quält. Tun Sie das aber mit Ansage, das bedeutet: Machen Sie vor dem Urlaub eine vernünftige Übergabe und erkundigen Sie sich explizit, ob alle Fragen geklärt sind. Betonen Sie (gerne auch mehrmals), dass Sie während des Urlaubs nicht erreichbar sein werden. Und dann steht einem ungestörten, erholsamen Urlaub nichts im Weg. Viel Spaß! Verantwortungsvolle Unternehmen gehen sogar von selbst immer mehr dazu über, dass Sie Ihren Führungskräften vorgeben, nach Feierabend oder im Urlaub nicht ans Handy zu gehen. Ganz fortschrittliche Unternehmen unterbinden sogar technisch den Mailfluss zu bestimmten Zeiten, wie zum Beispiel VW.

Kommt tendenziell eher vor bei: Salsa-Typ, Freestyle-Typ, Paso-Doble-Typ

No-Gos

Was mache ich, wenn mein Boss unaufrichtig ist?

Lügen haben kurze Beine. Manchmal aber auch lange! Manchmal sind sie dick und klein, manchmal groß und charismatisch. Man sieht Menschen nicht an, ob sie unaufrichtig sind oder nicht. Hat Ihre Führungskraft ein zweites Gesicht? Na, herzlichen Glückwunsch. Hier sollten Sie sehr vorsichtig mit der Preisgabe von persönlichen, aber auch betrieblichen Informationen sein.

Wenn Sie Ihre Führungskraft dabei erwischt haben, dass Sie die Unwahrheit sagt, oder aber Sachverhalte falsch weitererzählt, dann verlieren Sie verständlicherweise das Vertrauen in sie. Haben Sie den Mut, Ihre Führungskraft darauf anzusprechen? Das ist nicht immer einfach. Manchmal ergeben sich Situationen, in denen Sie sanft gegenlenken können (»Nein, das war doch folgendermaßen …«), aber meistens gelingt das nicht. Erinnern Sie Ihre Führungskraft an Tatsachen, die besprochen wurden. Auch hier helfen Aktennotizen oder schriftliche Fixierungen. Je besser Sie informiert sind und Beweise haben, desto mehr begegnen Sie Unaufrichtigkeit. Je besser Sie vernetzt sind, desto mehr hat Unehrlichkeit keinen Boden. Geben Sie Unaufrichtigkeit keine Chance. Aber was auch immer Sie machen, stellen Sie Ihre Führungskraft niemals öffentlich bloß. Im Vieraugengespräch können Sie durchaus ehrlich sein und je nach Stärke des Vergehens auf Richtigstellung pochen.

Kommt tendenziell eher vor bei: Freestyle-Typ, Blues-Typ, Paso-Doble-Typ

Was mache ich, wenn mein Boss meine Ideen klaut und als eigene verkauft?

Eben hat Ihre Führungskraft Sie noch wegen Ihrer brillanten und wirklich nützlichen Idee gelobt, und schon lesen Sie im Sitzungsprotokoll, dass sie genau diese Idee unter eigenem Namen an die Geschäftsführung weitergereicht hat. Das ist ja wohl der Gipfel! Wieder ein Fall, bei dem Sie vor lauter Wut die Wände hochgehen könnten. So eine Gemeinheit! Das war Ihre Idee. Wie konnte Ihr Chef so etwas tun! Doch wie jetzt damit umgehen? Zunächst einmal: Frust ablassen und Emotionen loswerden, sonst wird es nichts mit der sachlichen Diskussion. Dabei können Sie durchaus strategisch vorgehen:

- Fragen Sie Ihre Führungskraft ruhig, ob sie der Geschäftsführung gesagt hat, dass es Ihre Idee war. Wenn sie das verneint, fragen Sie ruhig weiter nach, warum sie das nicht gemacht hat. Lässt sie Sie allerdings komplett abblitzen, könnten Sie sich durchaus ausgenutzt fühlen – und das mit Recht! Das ist keine Basis für eine konstruktive und vertrauensvolle Zusammenarbeit. Sie haben Anerkennung verdient und das dürfen Sie auch sagen!
- Fragen Sie Ihre Führungskraft, inwieweit Sie sie bei diesem Projekt unterstützen können. Bieten Sie an, weitere Details schriftlich an die Geschäftsführung nachzureichen, damit das Projekt fachlich richtig untermauert wird, und sagen Sie Ihrer Führungskraft, dass Sie Ihren Namen als Ersteller dann ebenfalls darunter setzen. Das bringt sie etwas in Zugzwang, brüskiert sie aber nicht. Geben Sie nicht so schnell auf!

Kommt tendenziell eher vor bei: Freestyle-Typ, Blues-Typ, Paso-Doble-Typ

Was mache ich, wenn mein Boss mich (vor anderen) bloßstellt, beschimpft oder gar anbrüllt?

Keine Frage, das ist ein absolutes No-Go! In erster Linie blamiert sich Ihr Chef mit solchen Aktionen selbst, denn jeder weiß, dass sich so etwas nicht gehört. Natürlich kann man es sich schönreden, wenn man es nicht wahrhaben will, und sich einreden, dass der Chef kein Choleriker ist, sondern nur »emotionsflexibel«, doch mal ehrlich: Wem wollen Sie hier etwas vormachen?

Doch viele Führungskräfte sind nicht vorsätzlich schrecklich, zum Teil ist es die eigene Unsicherheit oder sie schießen im »Eifer des Gefechts« einfach übers Ziel hinaus und es tut ihnen im Nachhinein furchtbar leid. Umso wichtiger ist es, in einem Vieraugengespräch dieses Fehlverhalten taktvoll und sachlich anzusprechen. Bitten Sie darum, dass Ihr Chef Sie nicht vor der versammelten Mannschaft, sondern im Einzelgespräch auf Ihren Fehler aufmerksam macht. Machen Sie Ihrer Führungskraft unmissverständlich klar, dass hier eine Grenze überschritten wurde. Aber nicht in der Situation, diese eskaliert sonst nur noch mehr. Wenn Ihr Chef Sie vor anderen oder auch im Vieraugengespräch anbrüllt und seiner Wut freien Lauf lässt – gehen Sie. Keiner muss sich anschreien lassen. Das kann und darf kein Führungsmittel sein. Also, raus aus der Situation und später ansprechen. Dann werden Sie ja sehen, ob Ihre Führungskraft ihren Fehler einsieht.

Wenn es zu heftig wird, können Sie das Erstklässler-Prinzip anwenden, welches ich neulich von einer Seminarteilnehmerin gehört habe: Sprechen Sie mit der tobenden Führungskraft wie mit einem Erstklässler: »Hören Sie auf zu schreien! Das ist unangemessen und gehört sich nicht! Sie gehen jetzt in Ihr Büro und beruhigen sich! Dann kommen Sie in 20 Minuten wieder raus und entschuldigen sich bei mir.« Hui, das muss man sich mal trauen! Aber man kann es üben. Bei meiner Seminarteilnehmerin hat es tatsächlich funktioniert. Die Führungskraft kam nach 20 Minuten zu ihr und hat sich tatsächlich entschuldigt! Die meisten Führungskräfte wissen ja »eigentlich« auch, dass sich das nicht gehört. Viele kommen aber mit dem Druck oder sonstigen Gründen nicht klar und platzen regelrecht. Aber das ist dennoch keine Entschuldigung.

Bedient sich ihre Führungskraft des Öfteren dieses Mittels der einfachsten und billigsten Führung, dann überlegen Sie, ob Sie sich das noch weiterhin antun wollen. In dem Moment, wenn ihre Führungskraft Sie anbrüllt, fehlt es an jeglichem Respekt Ihnen gegenüber. Und niemand kann von Ihnen erwarten, dass Sie jemandem Respekt entgegenbringen, der Sie nicht respektiert. Wie lange wollen Sie in einer solchen Arbeitsumgebung arbeiten?

Kommt tendenziell eher vor bei: Freestyle-Typ, Paso-Doble-Typ

Was mache ich, wenn mein Boss die Gerüchteküche anfeuert?

Einige Führungskräfte sind echte Waschweiber. Da wird gelästert oder es werden Gerüchte in die Welt gesetzt. Warum machen das sogar Führungskräfte? Weil sie auch nur Menschen sind? Kann gut sein. Aber so manches Mal steht pure Absicht dahinter. Gerüchte in die Welt zu setzen oder anzufeuern, ist durchaus ein Machtmittel. Wenn eine Führungskraft um ihren Titel oder um ihre Position kämpfen muss – und das muss sie in der Regel – bedient sie sich manches Mal dieses unfairen Mittels.

Wenn Ihre Führungskraft nun vor Ihnen steht und so richtig vom Leder zieht oder es etwas subtiler macht: Machen Sie nicht mit! Reagieren Sie gar nicht darauf! Oder sagen Sie: »Ich kann und will dazu nichts sagen.« Oder: »Ich habe zu wenig Informationen, als dass ich mir ein Urteil erlauben könnte!« Ihre Führungskraft wird es vielleicht noch einige Male bei Ihnen probieren, aber wenn Sie sich konsequent an Ihren Text halten, wird sie bald die Lust daran verlieren und Sie mit dem Gelästere irgendwann in Ruhe lassen. Und das ist letztlich Ihr Endziel, haben Sie also etwas Geduld.

Kommt tendenziell eher vor bei: Freestyle-Typ, Paso-Doble-Typ

Was mache ich, wenn mein Boss hinter meinem Rücken schlecht über mich redet?

Das ist ja wie in der Schule, der reinste Kindergarten. Was will die Führungskraft damit bezwecken? Wenn Sie ein solches Verhalten nachweislich mitbekommen, sprechen Sie Ihre Führungskraft darauf an. Gut, höchstwahrscheinlich wird sie ihr Fehlverhalten nicht zugeben, doch Sie sollten auf jeden Fall kommunizieren, dass Sie davon wissen und dass Sie dieses Verhalten verletzt hat. Klar, so etwas kränkt. Trotzdem, verkneifen Sie sich Vorwürfe, das wäre absolut kontraproduktiv. Ihren Ärger, Ihre Enttäuschung, Ihre Angst, Ihre Wut und alle anderen Emotionen, die dabei hochkommen, sollten sie irgendwie anders loswerden. Gehen Sie auf keinen Fall emotionsgeladen zu Ihrem Chef. Bleiben Sie im Vieraugengespräch sachlich und drücken Sie mit Ich-Botschaften aus, wie die Situation emotional auf Sie wirkt. Sollte es danach schlimmer werden statt besser, sollten Sie prüfen, ob es eine Schiedsstelle in Ihrem Unternehmen gibt. Immer mehr Firmen haben eigene Mediatoren als Stabsstellen, denn zum sogenannten »Bossing«, also Mobbing vom Chef, ist es in diesem Fall wohl nicht mehr weit. Doch: Bitte seien Sie vorsichtig mit dem Begriff »Mobbing«. Eine Mobbing-Situation entsteht erst dann, wenn ein Ungleichgewicht entstanden ist und Sie aus der Opferrolle nicht mehr alleine herauskommen.

Kommt tendenziell eher vor bei: Freestyle-Typ, Paso-Doble-Typ

Was mache ich, wenn mein Boss hinterhältige Strategien anderen gegenüber anwendet?

Informationen werden gehortet, Unterlagen verschwinden, Gerüchte werden in die Welt gesetzt oder sogar Lügen verbreitet. Der Kleinkrieg tobt. Und Sie beobachten das alles vorerst still mit einem schalen Gefühl und registrieren, dass hier gerade etwas gehörig schiefläuft. Eine wirklich schwierige Situation, um die Sie keiner beneidet. Würden Sie es offen ansprechen, würde Ihre Führungskraft wahrscheinlich alles abstreiten oder Sie sogar noch mit hineinziehen wollen. Ich glaube nicht, dass eine Führungskraft, die solche Verhaltensweisen an den Tag legt, klein beigeben würde und sagen würde: »Sie haben ja so Recht. Ich schäme mich so. Ich lasse das ab sofort!« Nein, ganz im Gegenteil. Es gibt nur drei Möglichkeiten: 1. Das Ganze geflissentlich übersehen und nichts unternehmen – mit dem Nachteil des fahlen Nachgeschmacks und sich damit auch mitschuldig zu machen. 2. Rückgrat zeigen und das Fehlverhalten dem Betriebsrat melden – mit dem bohrenden negativen Gefühl, den eigenen Chef verraten zu haben. 3. Den Chef direkt ansprechen – und Gefahr laufen, ebenfalls zur Zielscheibe seiner Gemeinheiten zu werden. Gut, im Grunde gibt es noch eine vierte

Möglichkeit: Sie suchen sich einen neuen Chef/Job. Doch das sagt sich immer so leicht.

Diese Entscheidung kann Ihnen niemand abnehmen, Sie müssen selbst herausfinden, welches für Sie der richtige Weg ist. Wenn ich in so einer Situation feststecken würde, würde ich meiner Führungskraft nicht unbedingt offensichtlich, aber dennoch immer wieder mal unterschwellig signalisieren, dass ich ihr Verhalten nicht in Ordnung finde und schon gar nicht unterstützen oder mitmachen werde. Wenn mein Chef noch einen Rest Anstand hat, wird er es registrieren. Einen letzten Tipp möchte ich Ihnen noch ans Herz legen: Holen Sie sich in solchen Situationen Unterstützung von einer Vertrauensperson, reden Sie darüber und fragen Sie um Rat. Vielleicht finden Sie gemeinsam eine Lösung.

Kommt tendenziell eher vor bei: Freestyle-Typ, Paso-Doble-Typ

Was mache ich, wenn mein Boss mich als Spion anheuert?

Es könnte sich folgender Dialog ergeben: »Sie kennen doch die Breitmeier sehr gut. Fragen Sie sie doch mal nach den Unterlagen für die nächste Vorstandssitzung. Ich brauche die schon einmal vorab. Aber der Schulze soll das nicht unbedingt mitbekommen …« – »Nein, lieber nicht. Ich fühle mich nicht besonders wohl bei der Sache.« – »Nun stellen Sie sich doch nicht so an, ist doch keine große Sache!« – »Frau Breitmeier hat mich letztes Mal schon so komisch angesehen. Es ist nicht in Ordnung!« – »Ob das in Ordnung ist oder nicht, lassen Sie mal meine Sorge sein! Das geht Sie gar nichts an. Nun machen Sie schon. Sie sind doch mein bestes Pferd im Stall, oder etwa nicht?« Auch in solchen Situationen gilt: Je konsequenter Sie das nicht unterstützen, desto weniger werden Sie gefragt. Wird Ihnen mit Kündigung gedroht, ist es eine Frage Ihrer persönlichen Moral, Werte und Ehre, manchmal leider auch der wirtschaftlichen Situation, ob Sie das mitmachen möchten oder nicht. Aber können Sie das mit Ihrem Gewissen vereinbaren? Lassen Sie sich nicht erpressen! Wird Ihnen massiv gedroht, holen Sie sich Unterstützung: von Kollegen, von anderen Vorgesetzten oder vom Betriebsrat. Wichtig ist: Reden Sie darüber! Sie müssen es loswerden, sonst wirkt es wie Gift in Ihnen. Und das Thema verliert seine Macht, je öfter Sie darüber reden.

Kommt tendenziell eher vor bei: Freestyle-Typ, Paso-Doble-Typ

Was mache ich, wenn mein Boss mich belästigt?

Dies ist ein schwieriges Thema: Hier hilft nur eins: Klar aber freundlich äußern, dass Ihr Chef das tunlichst unterlassen soll und dass hier eine persönliche Grenze überschritten wird. Das Wichtigste bei diesem Thema ist Konsequenz. Außerdem ist es besonders wichtig, diese direkten oder unterschwelligen Übergriffe öffentlich zu machen, und darüber zu sprechen. Bleiben Sie nicht allein mit dem miesen Gefühl. Schaffen Sie sich sofort »Verbündete«, zum Beispiel den Betriebsrat. Ganz ehrlich: So etwas muss sich niemand gefallen lassen. Und wehren Sie den Anfängen!

Kommt tendenziell eher vor bei: Schlechter Charakter ist nicht typabhängig!

Was mache ich, wenn mein Boss bei der Weihnachtsfeier »einen sitzen« hat?

Weihnachtsfeiern sind so eine Sache. Plötzlich erlebt man sich auf einer anderen Ebene. Es wird gefeiert, Alkohol getrunken und gelacht. Ganz andere Dinge, die Sie sonst von Ihren Kollegen oder Kolleginnen kennen und erleben. Man begegnet sich privat. Und da ist manches Mal das ein oder andere Überraschungsei dabei. Einige Kollegen stellen sich als unglaublich nett heraus, von denen man dachte, dass es absolute Schnarchnasen seien. Andere Kollegen entpuppen sich als absolute menschliche Katastrophen. Und auch die Führungskräfte sind Menschen, stellen Sie spätestens jetzt fest. Und da gibt es solche und solche. Die meisten können sich benehmen. Ein Glück. Aber es gibt immer ein paar »Sonderfälle«, da wird der gemeinsame Abend peinlich bis geradezu furchtbar.

Menschen verändern sich, wenn sie Alkohol getrunken haben. Das liegt in der Natur der Sache. Und bei dem ein oder anderen tauchen plötzlich Seiten auf, die man niemals vermutet hätte. Wie verhalten Sie sich aber nun, wenn Ihr Chef letztere Eigenschaften zum Vorschein bringt und unangenehm wird? Da gibt es nur zwei Möglichkeiten. Entweder Sie gehen ihm gezielt aus dem Weg, indem Sie sich wegsetzen oder mit anderen Kollegen reden. Oder Sie sprechen es ganz offen an, wenn Sie mutig genug sind. Das kann durchaus humorvoll geschehen, in dem Sie mehrere dezente Hinweise oder auch Andeutungen geben: »Noch einen Schnaps und die Whiskey-Industrie ist gerettet.«

Helfen all diese Anspielungen nicht, können Sie zum letzten Strohhalm greifen und ganz offen ansprechen: »Ich glaube, Sie haben zu viel getrunken. Lassen Sie uns morgen wieder miteinander reden.« Das ist schon sehr mutig und das machen nur die wenigsten. Meine persönliche Lösung wäre der geschickte und unauffällige Rückzug. Fängt Ihre Führungskraft allerdings an, sich der allgemeinen Lächerlichkeit hinzugeben, sollten Sie eingreifen und offen sagen: »Sie haben offensichtlich zu viel getrunken, die Kollegen merken das bereits und es wird über Sie getuschelt. Sie sollten jetzt lieber nach Hause fahren. Ich rufe Ihnen ein Taxi.« Wenn Sie das nicht selbst sagen können, dann bitten Sie einen Kollegen, der einen engeren Draht zu ihm hat. Wichtig ist nur, dass der Chef in so einem Fall vor sich selbst, seinem Ansehen und seiner Autorität geschützt wird!

Der eine verträgt mehr, der andere weniger. Grundsätzlich kann es aber jedem passieren, dass das letzte Bier schlecht ist!

Uff, ganz schön anstrengend diese Chefführung! Aber glauben Sie mir: Das ist nur am Anfang so. Auch Führungskräfte sind lernfähig, die meisten sogar lernwillig. Und kein Chef legt alle 77 Stolperer aufs Parkett!

Sie werden jedenfalls bald merken: Je besser Ihr Chef tanzen kann, desto mehr Spaß macht die Arbeit. Und zwar Ihnen beiden. Selbstverantwortung und Eigeninitiative führen zu mehr Selbstbestimmung. Und dafür lohnt sich die ganze Mühe. Denn nicht nur für die Führungskräfte gilt die goldene Führungsregel: Viel Wertschätzung – viel Verbindlichkeit. Das gilt auch für Sie als Mitarbeiter, denn genauso sollten Sie Ihren Chef führen!

TAKT 4
Loslassen – So werden Sie DEN CHEF wieder los!

Abklatschen erlaubt!

Man kann viel an den Händen eines Chefs ablesen: Hält er zum Beispiel eine Smith & Wesson in den Händen, ist er wahrscheinlich wütend.

So ist es beim Tanzen
Tanzen ist leicht, aber nur wenn beide die Schritte beherrschen. Es gehören Geduld und Einfühlungsvermögen dazu, bis man mit seinem Tanzpartner eine Einheit bildet und sich elegant über das Parkett bewegen kann.

Doch bei so manchem Tanzpartner klappt es nicht mit jedem Tanz – oder es geht von Anfang an drunter und drüber. Man tut sich schwer, sich auf den Rhythmus des anderen einzustellen, und für Außenstehende sieht es nach einem einzigen Kampf aus. Das ist sehr anstrengend und macht auf Dauer keinen Spaß. Daher ist es besser, sich nach dem Song höflich zu bedanken, sich zu verabschieden und sich nach einem anderen, besser kompatiblen Tanzpartner umzusehen.

So ist es im realen Job
Wenn die Führungskraft immer am Mitarbeiter herumzerrt und ihn beschwerlich bewegen muss, wird die Zusammenarbeit für beide kein Zuckerschlecken! Ebenso wenig wenn der Boss kein bisschen von seiner Macht und Kontrolle abgeben kann oder will und stur nur seinen eigenen Kurs fährt. Was können Sie tun, wenn Sie ständig hin- und hergezerrt werden und keinen Einfluss haben? Sie können versuchen, die Führung zum Teil zu übernehmen; Sie können sich aber auch einen anderen Arbeitgeber suchen, bei dem Sie strahlen können, von dem Sie akzeptiert, ernst genommen und wertgeschätzt werden.

Irgendwann ist Ihre Schmerzgrenze überschritten: Wenn Sie merken, dass Sie keine Lust mehr haben; wenn Sie nicht mehr können; wenn es sich nicht mehr richtig für Sie anfühlt. Klar, Knall auf Fall zu kündigen ist ein hohes Risiko. Immerhin hängt mindestens eine Existenz an Ihrem Arbeitsplatz. Also werden Missstände lange verharmlost und viel ertragen. Aber irgendwann muss Schluss sein. Wenn der Spaß ein Loch hat, machen Sie sich auf die Suche nach einem Neustart.

Ausgepowert – Wie lange wollen Sie diesen Tanz noch tanzen?

Warum gehen so viele von der Annahme aus, dass alles schlechter wird, wenn wir uns verändern, und nicht besser? Natürlich ist da eine gewisse Unsicherheit, man weiß ja wirklich nie, was als Nächstes kommt. Doch außer alten Gewohnheiten verliert man meist nicht viel. Überlegen Sie doch einmal, was Sie alles mitnehmen, wenn Sie sich dazu entschließen weiterzuziehen: die Reputation in der Branche, die Sie sich aufgebaut haben; all das Wissen, das Sie sich über die Jahre angeeignet haben; all die nützlichen Kontakte, die Sie über die Zeit geknüpft haben. Das alles kann Ihnen beim Wechsel doch nur von Nutzen sein! Natürlich hat ein Arbeitsplatzwechsel Vor- und Nachteile, und es will in der heutigen Zeit wohlüberlegt sein, den derzeitigen (mehr oder weniger sicheren) Job aufzugeben. Diese Entscheidung kann Ihnen keiner abnehmen. Sie können es sich jedoch selbst etwas leichter machen, indem Sie zumindest den Gedanken an einen Jobwechsel zulassen. Kopfkino hat zunächst keinerlei Konsequenzen. Malen Sie sich aus, wie Sie Ihre aktuelle Situation verbessern oder was Sie bei einem anderen Arbeitgeber alles machen könnten, was Ihnen aktuell verwehrt bleibt. Bitte jetzt mal nur in die positive Richtung denken, auch wenn es schwerfällt. Trauen Sie sich, in andere Richtungen zu denken und gönnen Sie sich Tagträume!

Folgende Gedanken könnten Ihnen durch den Kopf gehen und ein mulmiges Gefühl hervorrufen – und Sie letztendlich bremsen:

- Wer weiß, wie es woanders ist? Vielleicht wird es ja noch schlimmer als hier …
- In meinem Alter wechselt man nicht mehr. Ich habe doch keine Chance mehr auf dem Arbeitsmarkt.
- Das kann ich meinen Kollegen nicht antun! Die verlassen sich doch auf mich.

- Na ja, ich warte noch ein paar Monate ab, vielleicht wird ja alles wieder gut. Mal sehen …
- Wohlfühlen, Zufriedenheit? Ja, sind wir denn bei »Wünsch dir was«?! Ich muss Geld verdienen, sonst komme ich nicht über die Runden!

Grundsätzlich stellt sich die Frage, ob Sie etwas an Ihrer Situation verändern möchten oder nicht. Das Potenzial dazu haben Sie, da bin ich mir sicher, auch wenn Sie es selbst womöglich gar nicht vermuten.

Mal ehrlich: Nur in den seltensten Fällen kümmern sich andere um Ihre Work-Life-Balance oder Ihre Zufriedenheit am Arbeitsplatz. Das müssen Sie schon selbst in die Hand nehmen! Heutzutage werden Mitarbeiter zugeschüttet mit Arbeit: Am Personal wird zwar gespart, aber die Menge an Arbeit bleibt gleich – nur jetzt auf weniger Kollegen verteilt. Der Druck ist zum Teil unbeschreiblich hoch. Ich kenne viele Kollegen, die ich nur anpieksen muss, und es folgt ein unkontrollierter Schreianfall, ein einziger Schwall an aufgestautem Druck. Fast schon aggressiv. Kein Wunder, wenn man seit Jahren gezwungenermaßen einen anstrengenden Paso Doble aufs Parkett legen muss, ohne eine richtige Verschnaufpause. Andere »retten« sich in Sarkasmus und Ironie. Kennen Sie solche Kollegen? Die mit ruhigem Unterton alles negativ bewerten und nur noch lästern und Gift versprühen? Das hält keiner auf Dauer durch! Hilfreiche Fragen auf dem Weg zum Loslassen sind:

- Sind Sie beruflich auf dem richtigen Weg?
- Sind Sie vielleicht zu »groß« geworden für den Job?
- Können Sie in Ihrem jetzigen Umfeld aufblühen, oder sehen Sie anderen nur dabei zu?
- Ist Ihr Chef der richtige »Partner«, mit dem Sie Ihr Arbeitsleben verbringen möchten?
- Wollen Sie wirklich immer so viel arbeiten?
- Können Sie sich Fehler endlich selbst verzeihen?
- Wie viele Vorwürfe wollen Sie sich noch machen?

- Wie lange möchten Sie sich noch den Intrigen an Ihrem Arbeitsplatz aussetzen?
- Wie lange möchten Sie sich noch unterfordert fühlen?
- Wie lange möchten Sie sich noch überfordert fühlen?

Natürlich möchten Sie als guter Mensch die Welt ein bisschen mitgestalten und sinnvolle Arbeit tun. Wofür stehen Sie morgens auf? Welche Werte haben Sie persönlich? Worum geht es Ihnen wirklich? Nicht jeder muss die Welt retten, aber zu wissen, dass wir eine wichtige Aufgabe im Leben haben, das ist ein gutes Gefühl. Wenn wir keinen Sinn in unserer Arbeit sehen und unsere persönlichen Werte nicht leben können, dann werden wir entweder krank, frustriert oder apathisch.

Flexibel bleiben und Loslassen lernen

Flexibel zu sein ist nicht so einfach. Eigentlich mögen wir Menschen als Gewohnheitstiere zu viel Flexibilität gar nicht so gerne. Sitzen wir erst einmal in einer gemütlichen Position, kriegt uns so schnell nichts mehr hoch. Selbst unangenehme Situationen sitzen wir erst einmal lieber aus – monatelang, manchmal jahrelang. Verstehen Sie mich nicht falsch: Ich bin kein großer Freund davon, sich immer gleich etwas Neues zu suchen. Besser ist es, nach Verbesserungspotenzialen am aktuellen Arbeitsplatz Ausschau zu halten. Was können Sie ändern, um zufriedener zu werden? Und sagen Sie jetzt bitte nicht pauschal: »Da geht nichts mehr. Ich kann nichts machen!« Das nehme ich Ihnen nämlich nicht ab. Irgendeine Stellschraube findet sich meist! Vielleicht ist es eine, über die Sie nur noch nicht nachgedacht haben. Gehen Sie daher mal anders an die Sache heran: mit der Kopfstand-Übung.

So geht's: Nehmen Sie ein Blatt Papier und notieren Sie, was Sie tun müssen, damit sich – Achtung! – *nichts* ändert. Schreiben Sie mindestens fünf Punkte auf, besser wären zehn Punkte. Zum Beispiel:

1. Nicht mit meinem Chef reden
2. Mir nichts anderes wünschen

3. Die Kollegin weiter stänkern lassen
4. Keine Bewerbungen schreiben
5. Meine Arbeitszeit nicht verändern

Jetzt nehmen Sie ein weiteres Blatt Papier und stellen die Punkte auf den Kopf, das heißt Sie schreiben das genaue Gegenteil auf. Das sieht für das obige Beispiel dann so aus:

1. Mit meinem Chef reden
2. Mir etwas anderes wünschen
3. Die Kollegin auf ihr Gestänker ansprechen
4. Bewerbungen schreiben
5. Meine Arbeitszeit verändern

Und schon haben Sie Ihre neue To-do-Liste! Nun wissen Sie, was Sie zu tun haben, um hoffentlich bald das Jammersofa verlassen zu können.

Flexibilität hat immer etwas mit Loslassen und mit Veränderung zu tun. Worum geht es beim Loslassen? Um ein Gefühl, einen Menschen oder einen Umstand? Wer muss beim gemeinsamen Tanzen loslassen? Wenn einer loslässt, sollte es einen geben, der auffängt und steuert. Zum Glück gibt es immer jemanden, der uns auffängt und für uns da ist, und das ist der Fußboden! Gut zu wissen, aber Spaß beiseite. Ich sage, grundsätzlich hat das Auffangen immer viel mit Gefühl zu tun. Und mit Vertrauen. Denn es gibt kein bodenloses Fallen!

Das heißt, Sie müssen Ihrer Führungskraft vertrauen. Aber: Loslassen ist ein Prozess! Und wie funktionieren Prozesse? In konkreten Abfolgen, die analytisch und organisiert durchgeführt werden. Wir könnten sogar ein Projekt daraus machen, indem wir uns fragen: Was passiert, wenn wir wirklich loslassen? Ich bin ein großer Freund davon, für Veränderungsprozesse ein kleines Büchlein oder eine Datei anzulegen. Alles, was darin steht, macht den Kopf frei für neue Gedanken. Sie können jederzeit aus der Vogelperspektive darauf schauen, um zu klareren Ergebnissen zu kommen. Vieles kann neu angeordnet und in verschiedenen Varianten zusammengesetzt werden. Außerdem können Sie jederzeit darin nachschlagen, wenn Sie bei Veränderungsprozessen unsicher werden und den inneren Halt zu verlieren drohen. So geht es deutlich schneller und einfacher, bestimmte Dinge, Menschen oder Umstände loszulassen.

Loslassen hat aber auch immer etwas mit Entlastung zu tun: mit einer Last, die wegfällt. Das können zum Beispiel Entscheidungen sein, mit denen Sie sich schwertun und die Sie immer treffen müssen. Sobald Sie jedoch eine Entscheidung treffen, hat das immer Konsequenzen, und mit denen müssen (oder dürfen) Sie dann leben. Und auch an dieses neue Glück muss man sich erst einmal gewöhnen und es dann auch genießen können!

Loslassen kann freiwillig geschehen, aber auch unfreiwillig. In jedem Fall ist es nicht einfach. Und es wäre gut, wenn Sie erst dann loslassen, wenn Sie etwas Neues haben, ein Sicherheitsnetz sozusagen.

Damit der Prozess des Loslassens noch reibungsloser verläuft, gibt es die 7 W-Fragen, die Ihnen helfen können:

1. Was wollen Sie loslassen?
2. Wie können Sie loslassen?
3. Wann können Sie loslassen?
4. Warum wollen Sie loslassen?
5. Welche Vorteile/Nachteile hat das Loslassen?
6. Welche Vorteile/Nachteile hat das Festhalten?
7. Wer oder was fängt Sie auf, wenn Sie loslassen?

Fragen Sie sich: Was kann schlimmstenfalls passieren, wenn Sie loslassen? Schreiben Sie eine Liste. Auch hier gilt: Es ist zunächst ein reines Gedankenspiel. Noch passiert rein gar nichts.

Und was passiert dann, wenn Sie losgelassen werden? Haben Sie darüber schon einmal nachgedacht? Wie würden Sie damit umgehen, wenn Ihre Führungskraft Sie plötzlich doch loslässt, also machen lässt? Sie eigenverantwortlich arbeiten lässt? Sie mehr Spielraum bekommen? Auch wenn sich die neue Freiheit erst einmal befremdlich anfühlt, wichtig ist, dass Sie schnell umdenken und in die Führung gehen. Wie beim Tanzen passiert das allerdings zum Glück bei den meisten instinktiv richtig. Keine Sorge: Die Firma wird schon nicht den Bach runtergehen, die Abteilung wird schon nicht explodieren und der Chef wird Sie schon nicht wegen einer Kleinigkeit rausschmeißen, sofern Sie Ihr Bestes geben und Ihre neu gewonnene Macht nicht ausnutzen. Sie werden sich schnell auf die neue Situation einstellen, schließlich sind Sie flexibel. Was erhält Ihr Boss eigentlich im Gegenzug für das Loslassen? Ist ihm das überhaupt bewusst? Es kann nicht schaden, ihn auf die Vorteile aufmerksam zu machen und ihm so behutsam anzugewöhnen, nicht alles alleine machen zu wollen und auch mal die Kontrolle abzugeben. Die Führungskraft kann sich auf Sie verlassen. Das sollten Sie ihr signalisieren.

»Ich will loslassen«

Statt zu sagen »Ich muss loslassen«, hilft es schon sehr, wenn Sie diese Aussage ändern in »Ich *will* loslassen.« Probieren Sie es aus! Wenn Sie anders denken, beeinflussen Sie Ihre Gefühle. Und wenn sich Ihre Gefühle ändern, dann ändert sich Ihr Verhalten. Reine Übungssache. Fühlt sich zuerst ungewohnt an, aber nach einiger Zeit richtig und gut. Es ist wie mit allen Veränderungen: Sie müssen üben, üben, üben. Der achte Tanzschritt lässt grüßen! So üben Sie das Loslassen:

- Suchen Sie sich Unterstützung und sprechen Sie mit Menschen, die Ihnen guttun. Vermeiden Sie dabei die Pessimisten, die eh keine Perspektiven sehen.

- Stellen Sie eine Bilanz auf und machen Sie eine Art Gewinn-Verlust-Rechnung: Was gewinnen Sie, wenn Sie loslassen? Was verlieren Sie, wenn Sie loslassen? Oder andersherum: Was verlieren Sie, wenn Sie festhalten? Was gewinnen Sie, wenn Sie festhalten? Und dann bewerten Sie die einzelnen Punkte auf einer Skala von 0 bis 10. Oftmals kommen sehr interessante Ergebnisse dabei heraus. (Für mich die effektivste Form der Entscheidungsfindung.)

- Nehmen Sie Ihre Sorgen und Ängste ernst, die durch die potenzielle Veränderung im Raum stehen. Arbeiten Sie jede einzelne Sorge sorgfältig durch und finden Sie Lösungen für jedes identifizierte Problem. Nur so können Sie sie entkräften. Übrigens: Nicht jede Sorge ist begründet. Manchmal geht bei uns ein total irrationales Kopfkino ab.

- Ausprobieren ist erlaubt. Nur wenn Sie einen neuen Weg einschlagen, können Sie erfahren, ob es der richtige war. Planen Sie ruhig im Voraus – aber laufen Sie irgendwann auch wirklich los! Konzentrieren Sie sich dann auf das Neue, das Unbekannte, das Spannende!
- Ich bin ein großer Freund von professioneller Unterstützung. Ich persönlich bin nicht nur eingehend therapiert und gecoacht, sondern auch lebenserfahren. Dies sind die drei besten Lehrmeister, die man sich neben der elterlichen Prägung vorstellen kann auf dieser Welt! Holen Sie sich also Unterstützung in der Form, die Ihnen guttut!

Wer loslässt, hat die Hände frei

Sie sind sich sicher: Sie wollen sich neu orientieren. Dann los! Aber es gibt noch ein paar Dinge zu tun, bevor Sie die Tanzfläche verlassen. Denn eines dürfen Sie nicht vergessen: Veränderungen sind mit Erwartungen, Verantwortungen und Versprechungen verbunden. Dies sind große Worte und sie haben eine starke Wirkung. Selbst wenn Sie bereit sind, sich zu verändern und loszulassen, gibt es immer noch Druck von außen, Erwartungen von anderen. Vielleicht haben Sie einen Ruf zu verlieren oder auch Ihre Glaubwürdigkeit; vielleicht verletzen Sie Ihre Kollegen oder Ihre Führungskraft, die fest auf Sie gebaut haben. Hier kann ich nur sagen: Alles ist letztlich besser als ein fauler Kompromiss, denn es tanzt sich schlecht mit einem fies schmerzenden Knie. Wenn Sie also wirklich alles geprüft und nun größere »Loslass-Prozesse« vor sich haben, bereiten Sie diese gut vor und vermeiden Sie Schnellschüsse. Machen Sie einen Schritt nach dem anderen. Step by Step, wie beim Tanzen. Führen Sie Gespräche, finden Sie Lösungen, eventuell auch für oder mit den Kollegen oder Führungskräften, die Sie im Zweifel enttäuschen werden. Es wird für alle Beteiligten letztlich das Beste sein, wenn es nicht urplötzlich geschieht. Sie tanzen also den Tanz noch gemeinsam zu Ende, bevor es Zeit wird, sich endgültig zu verabschieden – am besten taktvoll.

Bedanken Sie sich

Egal was passiert ist oder was Ihnen widerfahren ist: Es gibt immer etwas Positives. Was haben Sie gelernt in der Zeit, als Sie mit Ihrem Partner getanzt haben? Haben Sie neue Schritte gelernt? Neue Sichtweisen? Hat sich Ihre Einstellung zu einem bestimmten Thema geändert? Und genau dafür sollten Sie sich bedanken. Es muss ja nicht persönlich sein. Obwohl ich es dennoch immer sehr nett finde. Wir bedanken uns grundsätzlich zu wenig. Es ist wie beim Lob. Dabei gibt es so vieles, wofür wir Danke sagen könnten.

Auch hier hilft Ihnen die Brille der Positiven Psychologie. Ziehen Sie bei Ihrer Betrachtung eher das Positive, die guten Erlebnisse heran. Wenn Sie hohe Ansprüche und eine hohe Erwartungshaltung haben, ist es manchmal schwierig, die guten und kleinen Dinge zu sehen und zu wertschätzen, die Ihnen widerfahren sind. Bedanken Sie sich für die Erfahrungen, die Sie machen durften. Bedanken Sie sich für die Erfolge, die Sie feiern durften. Bedanken Sie sich für den Arbeitsplatz, den Sie haben durften. Zeigen Sie Ihre Wertschätzung!

Verzeihen Sie

Wurde Ihnen im Job auf die Füße getreten oder sind Sie selbst aus dem Takt gekommen? Wie oft sind Sie mit jemandem zusammengeprallt? Verzeihen Sie diesen Menschen, ziehen Sie einen Schlussstrich. Wenn Sie manches beim besten Willen nicht verzeihen können, dann lassen Sie zumindest die Dinge, die Sie hinter sich lassen möchten, ruhen. Es ist wichtig, dass Sie zur Ruhe kommen. Machen Sie sich frei von altem Ballast. Es tanzt sich leichter auf neuem Parkett, wenn Sie unbeschwert sind. Gehen Sie in Frieden, wenn Sie sich entschieden haben, aber gehen Sie!

Wenn Sie es tatsächlich durchgezogen und losgelassen haben, kann ich nur sagen: Herzlichen Glückwunsch! Sie haben jetzt genug ausprobiert und Abschied genommen. Jetzt kommt die Belohnung! Was haben Sie gewonnen? Mehr Freiheit? Mehr Lebensfreude? Mehr Arbeitsqualität? Jetzt können Sie aufatmen und die neu gewonnene Freiheit und Lebensfreude in vollen Zügen genießen! Auch wenn Sie sich noch ein bisschen daran gewöhnen müssen: Immer her mit dem Champagner!

Outro: Bunga Bunga ist kein Tanz!

Wenn dir ein Chef begegnet, dessen Augen glänzen, dessen Lippen feucht sind, dessen Körper bebt, lass die Finger von ihm – der hat Grippe!

So ist es beim Tanzen

Natürlich kommt man sich beim Tanzen sehr nah. Man fasst sich an, man spürt den Körper des anderen. Das kann zum Teil sehr verführerisch sein, wenn die Musik passt, das Licht gedämpft ist und sich die Körper im Rhythmus bewegen. Doch hier ist es wichtig, dass immer unterschieden wird: Spaß am Tanzen hat Grenzen, wenn man gebunden ist. Wenn nicht, dann tanzt man!

So ist es im Job

Bier ist Bier und Schnaps ist Schnaps. Auch beim Arbeiten kommt man sich schon mal sehr nahe. Manchmal allerdings zu nah. Klar, enge Zusammenarbeit steigert die Motivation, aber Kuscheln ist damit nicht gemeint! Es gibt Abteilungen und Unternehmen, da erinnert die tägliche Zusammenarbeit eher an ein pubertäres Schulhofverhalten: Wer gefällt wem? Wer mit wem? Wer ist am coolsten, am schönsten oder am besten? Es gibt Getuschel auf den Fluren oder in der Kantine. Nach den »Pausen« verschwinden alle wieder in den Klassenzimmern, äh ... Büros. Das lenkt häufig von den eigentlichen Leistungen ab und ist teilweise sehr verletzend für andere. Persönliche Themen rücken mehr und mehr in den Fokus.

Führungskräfte haben Macht und damit geht eine sehr hohe Verantwortung einher. Sie sind Vorbild. Und wenn sie die entsprechenden Werte nicht vorleben, schrumpft der Respekt seitens der Mitarbeiter. Eine meiner Klientinnen wurde von ihrem Chef ständig subtil angebaggert. Er wollte sie zum Essen ausführen und suggerierte, dass sie es in der Firma nicht weit bringen würde, wenn sie sich weigerte. Ein ganz klarer Fall von Machtmissbrauch seitens der Führungskraft und ein absolutes No-Go! Das kommt leider öfter vor, als man denkt, und zwar von beiden Seiten. Es gibt Frauen, die Männer reizen, ebenso wie Männer, die Frauen reizen. Unabhängig davon, wer Führender ist und wer Geführter. Es gibt alle Varianten.

Meistens sind die Geführten jedoch am Ende die Leidtragenden und die Verlierer. Und wenn wir ehrlich sind, sind es nach wie vor meist die Frauen. Im Businessbereich ist für solche Spielchen aber kein Platz, es ist unprofessionell. Sie müssen bei so etwas nicht mitmachen, um akzeptiert zu werden.

Doch wie geht man damit um? Erst freuen Sie sich vielleicht über die Bestätigung und Aufmerksamkeit seitens Ihres Chefs – doch wenn die Dinge eskalieren, kommt das böse Erwachen, nämlich die Arbeitslosigkeit oder eine deutlich schlechtere Position, wenn Sie die Gunst Ihrer Führungskraft verlieren.

Am besten lassen Sie es gar nicht so weit kommen und würgen romantische oder sexuelle Avancen Ihres Vorgesetzten von vornherein ab. Machen Sie unmissverständlich klar, dass Sie daran kein Interesse haben und bleiben Sie konsequent. Teilen Sie Ihrem Chef mit, wenn er Ihnen Ihrer Meinung nach zu nahe tritt und bitten Sie ihn um mehr Abstand. Leichter gesagt, als getan.

So wehren Sie den Anfängen: Sprechen Sie mit Vertrauten darüber und holen sich Rat ein. Sprechen Sie Möglichkeiten durch, wie Sie reagieren können. Üben Sie diese Reaktionen zu Hause, dann können Sie sie auch umsetzen. Es ist wichtig, sofort zu handeln! Sollte all das nicht fruchten, wenden Sie sich an den Betriebsrat oder an eine Vertrauensperson. Aber machen wir uns nichts vor: Wenn es so weit eskaliert ist, gibt es nur zwei mögliche Ausgänge. Entweder Sie können überzeugende Beweise für das unangebrachte Verhalten Ihres Vorgesetzten liefern und Ihr Boss verliert daraufhin seinen Job. Oder Sie räumen das Feld und suchen sich einen neuen Arbeitsplatz. Ich bezweifle aber, dass Sie einer solchen Arbeitsumgebung auch nur eine einzige Träne nachweinen.

Die wertvollste Erfahrung meines (Arbeits-)Lebens ist, dass sich trotz aller »heiligen Arschtritte« immer wieder neue Hoffnung und Chancen ergeben. Aber vor allen Dingen, dass es immer Menschen gibt, die an einen glauben und die einen fördern. Und deshalb ist es mir ein großes Bedürfnis mich aus vollem Herzen bei allen zu bedanken, die mich nie haben aufgeben lassen. Ihr alle habt einen sehr großen Anteil an meinem Erfolg!

Ich danke meiner lieben Familie, die immer hinter mir steht, mich liebt und die ich liebe, egal, was ist. Ich danke meinen engen Freundinnen, die mich über die ganzen Jahre getragen haben. Ihr seid mir unendlich wichtig. Ich danke meiner Freundin und Mentorin Sabine Asgodom für alles, was ich von ihr lernen durfte und für ihr Vertrauen. Ich danke Bruce Springsteen, der mir mit seiner Intensität und seinen Liedern tatsächlich das Leben gerettet hat, indem er mir neue Kraft gegeben hat, und der mich später sogar unter 40 000 Menschen entdeckt und gesehen hat. Der Tanz mit Dir war göttlich! Ich danke meiner Lektorin Stephanie Walter, die mich als Autorin entdeckt hat, als ich mal wieder sehr unsexy auf einer (anderen) Bühne erschienen bin. Sie hat mir das Buchschreiben besonders leicht und besonders schwer gemacht, was wunderbar war. Ich danke meinem DETERS-Team, Ulla Calamnius Beunink, Carola Ehlers, Martin Keudel, Sabine Sellge, Ute Voß und vielen mehr, die mich professionell und unermüdlich unterstützen. Dazu gehört auch Ben Schulz von der Werdewelt-Agentur. Ich danke einem lieben Freund, der stets in meinem Herzen ist und mich ebenfalls gesehen hat, als ich noch im freien Fall war. Ich danke besonders Bernd und allen Kollegen, die mir über die Jahre keine Steine in den Weg gelegt haben, was eine wichtige Stellschraube in meiner Entwicklung war. Ich danke meiner Freundin und Fotografin Liane Dommermuth dafür, dass sie nicht nur beim Konzert für mich da war. Ich danke auch Elke Brunner, für ihre so wichtige Unterstützung, der Tanzschule FRIEDA aus Bargteheide mit der gesamten Freitags-Tanz-Truppe mit dem so tollen BOSS-DANCE und allen Experten, die in diesem Buch erwähnt sind. Natürlich bedanke ich mich auch bei meiner GSA, der German Speakers Association für alles, was ich dort lernen und ausprobieren durfte. Gaby S. Graupner, Markus Hofmann und Prof. Dr. Lothar Seiwert seien hier besonders erwähnt, aber auch viele mehr. Ebenso danke ich der Asgodom-Coach-Akademie für alle Menschen, die ich dort kennen lernen durfte, und für alles, was ich dort lernen durfte.

Aber ganz besonders danke ich Ihnen, meine lieben Leser und Leserinnen, dass Sie dieses Buch gekauft haben und im besten Fall sogar darin gelesen haben. Wenn ich Ihnen nur einen einzigen kleinen Impuls geben konnte, macht mich das sehr glücklich und ich weiß dann, dass sich alles gelohnt hat. Ich danke ebenso meinen jetzigen Klienten und Auftraggebern, dass Sie mich immer wieder buchen. Ich liebe das und bin von Herzen gern für Sie da! Falls ich jemanden vergessen habe sollte, bitte ich dies zu verzeihen. Ich mache noch immer viele Fehler. Ich danke all meinen Unterstützern!

P.S: Sämtliche erheiternde Details der Boss-Story – inklusive Video-Beweis – finden Sie hier: www.monicadeters.de/downloads